Die Piaffe
an der Hand

Müller Rüschlikon

Impressum

Einbandgestaltung: R2 | Ravenstein, Verden

Titelfoto: Friederike Scheytt, www.scheytt-photography.de

Mario Brenzel, StudioLaMagica: S. 143, 169
Sven Cramer: S. 82
Janina Drießlein: S. 131, 154, 163
Markus Fröhlich: S. 161
Hans Kuczka. www.fotokuczka.de: S. 21, 35, 39, 40, 11, 150, 171
Friederike Scheytt. www.scheytt-photography.de: 2, 3, 9, 10, 11, 13, 16, 19, 27, 29, 30, 36, 43, 44, 45, 46, 47, 48, 49, 51, 52, 53, 54, 55, 56, 58, 60, 63, 65, 68, 69, 72, 75, 78, 79, 81, 86, 87, 89, 90, 93, 94, 96, 98, 99, 103, 104, 107, 120, 122, 124, 125, 145, 147, 149, 155, 156, 157, 159, 165, 167, 172
Spanische Hofreitschule, Wien, Fotografin: Petra Kerschbaum: S. 128
Spanische Hofreitschule, Wien, Fotograf: M. Rzepa: S. 127
Spanische Hofreitschule, Wien, Fotograf: Stefan Selig: S. 6

ISBN 978-3-275-02182-6

Postfach 103743, 70032 Stuttgart
Ein Unternehmen der Paul Pietsch Verlage GmbH & Co. KG

1. Auflage 2020

Sie finden uns im Internet unter
www.mueller-rueschlikon-verlag.de

Lektorat: Claudia König
Innengestaltung: r2 | Ravenstein, Verden
Druck und Bindung: Graspo CZ, a.s., Zlin
Printed in Czech Republic

Inhalt

Oberbereiter Andreas Hausberger & Siglavy Patrizia

1.

Vorwort

Die Arbeit an der Hand ist in der Spanischen Hofreitschule fester Bestandteil der Ausbildung. Wir verstehen unter der Arbeit an der Hand stets das Erlernen der Piaffe und später, bei jeweiliger Eignung, das Erlernen eines der klassischen Schulsprünge wie Levade, Capriole oder Courbette … ohne Reiter!

Diese altbewährte Ausbildungsform wird ganz aktuell auch wieder von vielen Sportreitern geschätzt. Der Wert der Arbeit an der Hand als Ergänzung zur Arbeit unter dem Sattel ist unschätzbar. Pferde, die die Piaffe mit Hilfe dieser bei uns in Wien bewährten Methode erlernen, zeigen später schöne taktreine, schwingende und korrekte Piaffen.

Als erster beschreibt Plutarch in »Eumenes von Cardia« wie Pferde während der Belagerung der Stadt Nora über Monate aus Platzmangel vom Boden aus gearbeitet wurden.

Es ist schön, dass sich endlich eine Autorin an dieses komplexe Thema gewagt und ein Buch ausschließlich über die Piaffe an der Hand geschrieben hat. Es freut mich zudem sehr, dass sich mit Andrea jemand gefunden hat, die ich seit Jahren zu meinen Schülerinnen zähle. Es war ein interessanter Weg, auf dem ich sie mit ihren beiden Pferden Pardo und Pluto Troja begleiten durfte. Die gemeinsame Reise ist noch nicht zu Ende …

Ihnen, liebe Leser, wünsche ich viel Freude beim Lesen dieses Buches und die eine oder andere Anregung, wie Sie Ihrem Pferd gegenübertreten.

Viel Erfolg, Ihr

Andreas Hausberger

2. Einleitung

Lange Zeit in Vergessenheit geraten erfreut sich die Arbeit an der Hand in den letzten Jahren einer immer größeren Beliebtheit. Unter Arbeit an der Hand versteht der Großteil der Reiter allgemein die Gymnastizierung des Pferdes vom Boden aus. Im klassischen Sinne, also im Verständnis der Spanischen Hofreitschule in Wien, versteht man unter Arbeit an der Hand ausschließlich die Entwicklung der Piaffe und später bei geeigneten Hengsten die Entwicklung der Schulsprünge. Mit der Entwicklung der Piaffe an der Hand wird sich dieses Buch beschäftigen. Für mich ist die Arbeit an der Hand eine wunderbare Beschäftigungsform mit dem Pferd. Die Piaffe ist ein Meilenstein in der Pferdeausbildung. Der ambitionierte Freizeitreiter träumt davon, seinem Pferd die Königsdisziplin der Dressurlektionen beizubringen. Für den Sportreiter ist die Piaffe der entscheidende Schritt innerhalb der Klasse S. Ab Intermediare A ist die Piaffe als Lektion in der Prüfung zu zeigen.

Wenn ich an meinen Andalusier Pardo zurückdenke, der große Schwierigkeiten hatte, die Piaffe zu lernen, war diese Form der Arbeit in manchen Momenten sehr mühevoll. Sie ist von Pferd zu Pferd verschieden, erfordert große Erfahrung des Ausbilders, ist stets kniffelig und es ist immer wieder ein besonderes Erlebnis, wenn eines dieser schönen Geschöpfe diesen eleganten und für die Gymnastizierung so wichtigen Bewegungsablauf der Piaffe erlernt hat.

Mein großer Dank gilt hier meinem Ausbilder Oberbereiter Andreas Hausberger. Ihm durfte ich so viele Stunden zusehen, wenn er Pferde unterschiedlichster Rassen an der Hand gearbeitet hat. Er korrigiert meine Arbeit mit meinen Pferden immer bis in das kleinste Detail und vermittelt mir mehr und mehr dieses wertvolle Wissen. Dafür bin ich sehr dankbar.

Andrea Lipp & Pluto Troja

»Der Wert der Arbeit an der Hand als Ergänzung zur Arbeit unter dem Sattel ist unschätzbar. Pferde, die die Piaffe mit Hilfe dieser bei uns in Wien bewährten Methode erlernen, zeigen später schöne taktreine, schwingende und korrekte Piaffen.«

Oberbereiter Andreas Hausberger

3.

Warum Piaffe an der Hand?

»Wer einmal meisterhaft die Arbeit an der Hand beherrscht, ihre enormen Werte erkannt hat und sie zu nutzen versteht, wird sie in seiner Ausbildetätigkeit nicht mehr missen wollen. Es wird ihm vielleicht sogar manches kleine Wunder an Korrektur möglich sein, das sonst ausgeschlossen wäre. Ein Reitlehrer, dem dieses Instrument in seiner Ausrüstung fehlt, wird immer auf Fälle stoßen, in denen sich dieses Fehl sehr nachteilig auswirkt.«[1]

[1] *Albrecht, Kurt, Ausbildungshilfen für Pferd und Reiter, S. 84*

Was ist die Piaffe und warum empfiehlt es sich, diese Lektion an der Hand zu schulen? Die Piaffe gilt zusammen mit der Passage als die Königsdisziplin der höheren Dressur. Es handelt sich um eine trabartige Bewegung auf der Stelle, bei der die Hinterhand des Pferdes maximal Gewicht aufnimmt. Nur bei den Schulen über der Erde nimmt das Pferd mit den beiden Hinterbeinen noch mehr Last auf. Die Piaffe gehört als Lektion zu den Schulen auf der Erde und ist der Hohen Schule zuzuordnen. In der Spanischen Hofreitschule in Wien erlernen die Hengste grundsätzlich die Piaffe zuerst an der Hand. Die Vorteile für diese Vorgehensweise sind klar erkennbar. Das Pferd hat seinen vertrauten Ausbilder am Boden neben sich

Der junge Lipizzaner Pluto Troja lernt die Piaffe.

und erlernt den neuen Bewegungsablauf zunächst ohne Reitergewicht. Gleich einem Tänzer, dem die neuen Tanzschritte zunächst langsam und Schritt für Schritt erklärt werden, lernt auch der vierbeinige Schüler den neuen Bewegungsablauf in kleinen Stücken. Es handelt sich um eine pferdefreundliche und erfolgreiche Methode, die zu schönen und taktklaren Piaffen führt.

Beherrscht das Pferd die Piaffe an der Hand, bringt dies weitere Vorteile mit sich. Pferde in der Rekonvaleszenz können sehr behutsam mit Hilfe dieser Übung wieder antrainiert werden. Alte Pferde, welche man nicht mehr mit dem Reitergewicht belasten möchte, die aber noch fit genug für die Arbeit an der Hand sind, können ebenfalls mit der Piaffe ein hervorragendes Rentnertraining absolvieren.

4.

Die Piaffe

Die ideale Piaffe

Damit das Pferd seine Aufgabe als Reitpferd ohne gesundheitliche Schäden ausführen kann, muss es so gearbeitet werden, dass die Hinterbeine vermehrt Last aufnehmen. Von Natur aus bewegt sich das Pferd eher auf seiner Vorhand. In der Ausbildung des Reitpferdes wird die größere Lastaufnahme in der Hinterhand erreicht, in dem man das Pferd dazu veranlasst, Hüft- und Kniegelenk mehr zu beugen. Waldemar Seunig bezeichnet in seinem Buch »Von der Koppel bis zur Kapriole« nur diese beiden Gelenke als die »Hanken«. Da das Sprunggelenk aufgrund der anatomischen Zusammengehörigkeit der drei Gelenke des Hinterbeins ebenfalls in der Versammlung mehr gebeugt ist, weist Seunig darauf hin, dass es immer an der Hankenbeugung beteiligt ist.[2] Auch bei Albrecht findet man den Hinweis, dass das Sprunggelenk per Definition nicht mehr den Hankengelenken zuzuordnen ist.[3] In den Richtlinien für Reiten und Fahren findet man ebenfalls die Zuordnung, dass nur Hüft- und Kniegelenk die Hanken bilden[4] (siehe Zeichnung im Kapitel »Piaffe & Biomechanik«).

In der Piaffe ist die Hankenbeugung sehr stark, da bei dieser trabartigen Bewegung

[2] *Seunig, Waldemar, Von der Koppel bis zur Kapriole, S. 118*
[3] *Albrecht, Kurt, Ausbildungshilfen für Pferd und Reiter, S. 80*
[4] *Richtlinien für Reiten und Fahren, Band 1, S. 173*

Piaffe an der Hand (Andalusier Pardo)

auf der Stelle die Bewegungsenergie nur noch minimal nach vorne und stark nach oben in Richtung Widerrist fließt. Nur bei den Schulen über der Erde, z.B. bei der Levade, gibt es eine noch höhere Beugung der Hanken. In der korrekten Piaffe wächst das Pferd regelrecht aus dem Widerrist. Es sieht erhaben und stolz aus. Waldemar Seunig definiert die Piaffe wie folgt:

»Die Piaffe ist eine in der Fußsetzung des Trabes ausgeführte Bewegung, bei der sich die Schubkraft restlos in die auf beide Hinterbeine gleichmäßig verteilte Trag- und Federkraft umsetzt. Daraus ergibt sich bei vollkommener Losgelassenheit eine der höchsten Potenz von Beugung und schwungvollem Abfedern der Hinterhand entsprechende erhabene und ausgehaltene Trabaktion auf der Stelle.«[5]

Eine korrekte Piaffe im klassischen Sinne lässt sich an folgenden Merkmalen erkennen:

- Von der Seite betrachtet ist die Hinterhand des Pferdes leicht abgesenkt (Hankenbeugung).
- Die Hinterhufe fußen deutlich ab.
- Die Vorhand des Pferdes ist sichtbar aus dem Widerrist angehoben.
- Die Oberlinie des Halses ist lang und nicht komprimiert.
- Das Genick ist der höchste Punkt.
- Die Bewegungen des Pferdes sind fließend vom Schweif bis zum Genick.
- Das Pferd hat eine Vorwärtstendenz, auch wenn die Piaffe fast am Platz ist. Dies ist auch in der Piaffe an einem Zug nach vorne an die Reiterhand zu erkennen.
- Die Vorwärtstendenz ist idealerweise auf eine halbe bis eine Hufbreite je Tritt begrenzt.
- Die Piaffe ist diagonal im klaren Zweitakt.
- Die Mittelhand des Pferdes hat eine deutliche Aufwärtstendenz. Der Rücken ist aufgewölbt.
- Das Pferd hat ein ruhig kauendes Maul und einen entspannten Gesichtsausdruck.

[5] *Seunig, Waldemar, Von der Koppel bis zur Kapriole, S. 341–342*

Die folgenden Abbildungen zeigen eine korrekte und eine nicht korrekte Piaffe. Arthur Kottas-Heldenberg weist in seinem Buch darauf hin, dass ein Pferd durchaus die Parodie einer Piaffe ausführen kann. Es bewegt sich diagonal, das Genick ist der höchste Punkt (siehe Abbildung unkorrekte Piaffe), aber die Hinterbeine werden nicht untergesetzt. Eine solche Piaffe ist falsch, da die Versammlung fehlt. Versammlung bedeutet, dass sich der Rahmen des Pferdes verkürzt und ein Großteil des Gewichts auf die Hinterhand des Pferdes verlagert wird.[6]

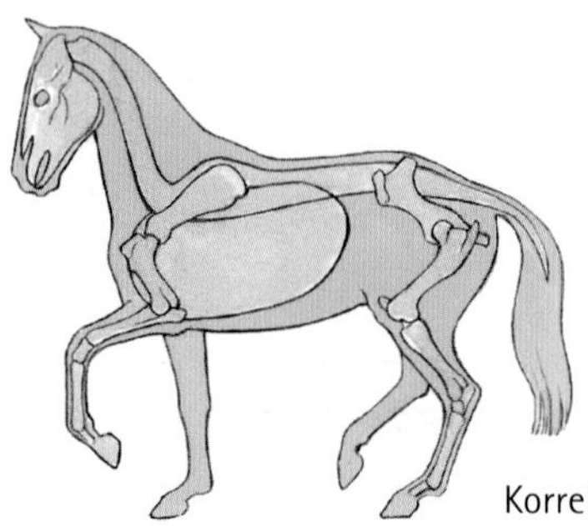

Korrekt

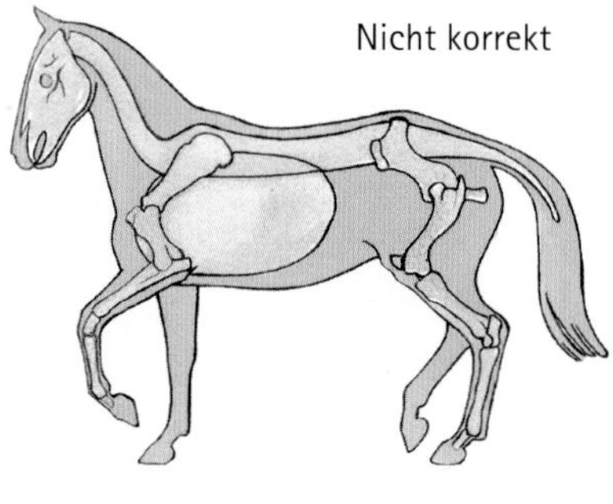

Nicht korrekt

[6] *Kottas-Heldenberg, Arthur, Dressur mit Arthur Kottas, S. 78*

Piaffe & Biomechanik

Biomechanisch lässt sich die Piaffe wie folgt erklären: Die geraden Bauchmuskeln bewirken eine Beugung des Beckens mit dem entsprechenden Effekt auf die drei großen Gelenke der Hinterhand (Hüfte, Knie & Sprunggelenk). Diese Beugung hat ebenfalls entsprechende Auswirkungen auf Rücken, Hals und Kopf des Pferdes. Die Hintergliedmaßen werden so weit unter den Körperschwerpunkt gesetzt, dass das hintere Röhrbein leicht nach schräg vorne weist. Die schräger gestellte Kruppe führt mit steigender Muskelkraft und fortschreitendem Training zu einer höheren Aufrichtung des Halses und einer Aufwölbung der Wirbelsäule im Bereich der Lende. Die Stützfläche ist stark verkürzt. Biomechanisch muss hier noch darauf hingewiesen werden, dass die Absenkung des Beckens und die Beugung der Hanken nur möglich sind, wenn der Rücken die entsprechende Dehnungsbereitschaft hat. Außerdem muss Kraft und Durchlässigkeit in den hinteren Gliedmaßenmuskeln vorhanden sein, welche für die Streckung zuständig sind.[7] Hüft-, Knie- und Sprung-

[7] *Dr. med. vet. Heuschmann, Gerd, Balanceakt in dubio pro equo, S. 144*

Knöcherne Strukturen der Hankenbeugung (Friesenhengst Teetje)

gelenk werden in der Versammlung passiv gebeugt. Dies bedeutet, dass die in diesem Moment für das Tragen zuständigen Strecker der Muskeln in der Stützbeinphase ein passives Einsinken der Hinterhand in Hüft-, Knie- und Sprunggelenk zulassen. Für diese passive Beugung ist die oben erwähnte Kraft aber auch eine Nachgiebigkeit und Dehnungsbereitschaft notwendig. Mit stärker gebeugten Gelenken wächst die Tragearbeit. Während die großen Gelenke der Hinterhand passiv gebeugt werden, erfolgt die Beckenrotation durch aktive Muskelarbeit. Der Winkel zwischen Wirbelsäule und Becken verkleinert sich durch die aktive Arbeit der Rumpfbeuger.[8] Die Bauchmuskulatur bewirkt die Rumpfbeugung. Diese Rumpfbeuger können ihre Funktion in der beschriebenen Weise nur ausführen, wenn sie vorher ausreichend gekräftigt wurden und die entsprechende Gegenspieler-Muskulatur (Antagonist) ausreichend dehnfähig und nachgiebig ist. Der Antagonist zu den Rumpfbeugern ist der lange Rückenmuskel.[9] Die Voraussetzung für diese höchste Form der Versammlung ist somit ein ausreichend dehnfähiger langer Rückenmuskel.

[8] *Dr. med. vet. Heuschmann, Gerd, Balanceakt in dubio pro equo, S. 138-139*

[9] *Dr. med. vet. Heuschmann, Gerd, Balanceakt in dubio pro equo, S. 139*

EXKURS:

Anforderung von Faszien und Muskeln bei der Piaffe an der Hand

von Barbara Welter-Böller

Barbara Welter-Böller ist Trainerin, Humanphysiotherapeutin und Pferdeosteopathin und unterrichtet in ihrer Fachschule für Osteopathische Pferdetherapie in Nordrhein-Westfalen unter anderem Anatomie, Biomechanik, Exterieuranalyse sowie Ganganalyse. www.welter-boeller.de

Bänder, Sehnen und die großen Bindegewebsplatten wie die Knie- oder Oberschenkelbinde sind per Definition Faszien, auf Deutsch: Bindegewebe.
In dem Wort Bindegewebe steckt schon die Eigenschaft der Faszien, dass es das einzige Gewebe im Körper ist, das als Kontinuum alle Strukturen miteinander verbindet und strukturiert. Die Faszien geben dem Körper Stabilität und Mobilität ohne Energieverbrauch.

»Der Körper ist eher ein Faszien-netzwerk mit Verbindungen zu Muskeln und Knochen, als dem althergebrachten Konzept des Muskel-Skelett Systems mit Verbindungen zu Faszien zu folgen.«

Thomas Findley, New Jersey, 2016

Um die großen Gelenke, wie das Hüft-, Knie- und Sprunggelenk, gibt es ausgedehnte Übergangsbereiche, in denen eine Unterscheidung zwischen Band, Kapsel, Sehne oder Muskelhülle praktisch unmöglich ist. 40 % der Muskelkraft werden nicht mit der Sehne, sondern über Faszienverbindungen auf benachbarte Muskeln übertragen.

Faszien von Gelenken und Muskelansätzen brauchen zwei Jahre Training, um die Gelenke in allen Gelenkstellungen und Kraftübertragungen stabil und damit schadlos zu halten. Gerade für das Knie-, Sprung- und Fesselgelenk ist diese Stabilität enorm wichtig und muss sorgsam erarbeitet werden, damit die sich so entwickelnde Schubkraft der Hinterhand die belastungsanfällige Vorhand entlastet. Zudem muss bei der Piaffe an der Hand darauf geachtet

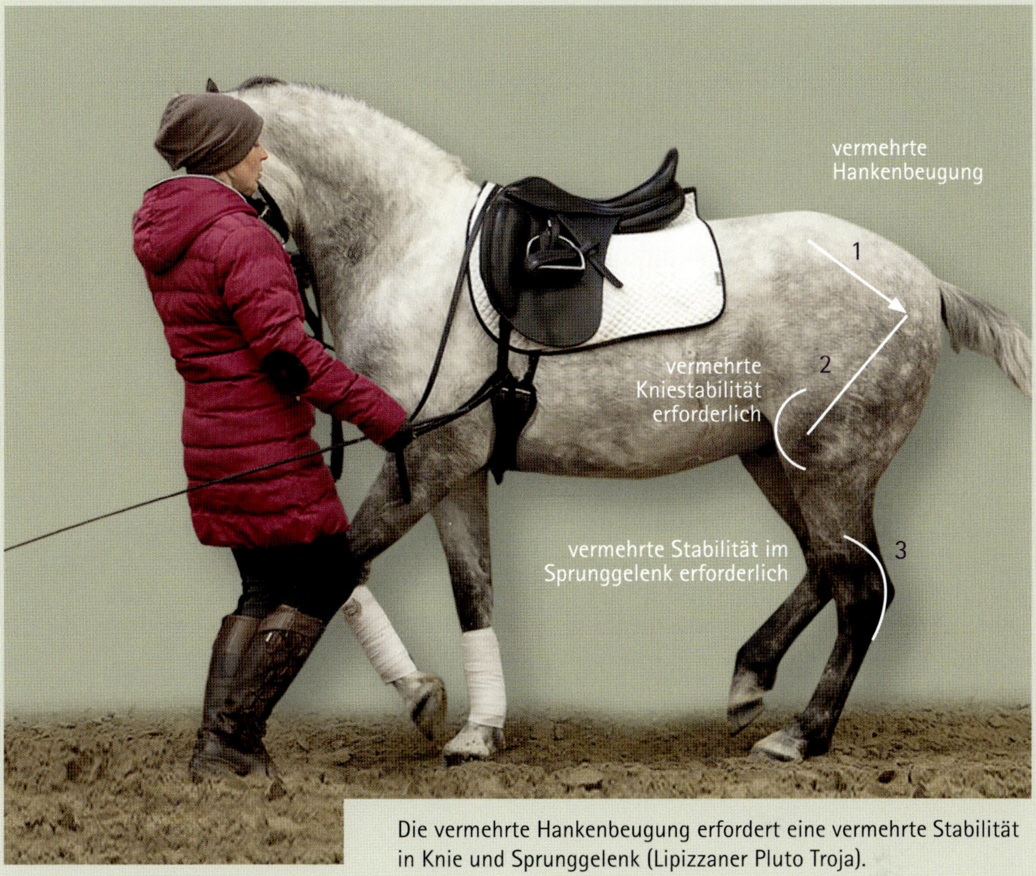

Die vermehrte Hankenbeugung erfordert eine vermehrte Stabilität in Knie und Sprunggelenk (Lipizzaner Pluto Troja).

werden, das, durch die natürliche Schiefe sehr oft schwächere rechte Hinterbein, aufzutrainieren.

Was müssen Faszien und Muskeln bei der Piaffe leisten?

Das Spiel- oder Hangbein trainiert mehr die Mobilität des Hinterbeines, die Stabilitäts- und Kraftentfaltung geschieht nur in der Standbeinphase. Je länger die Spielbeinphase wird umso höher ist der Trainingseffekt auf das stehende Bein. Beginnen wir von oben mit der Hankenbeugung. Sie entsteht durch eine Schrägstellung der Kruppe durch die Anspannung vor allem der geraden Bauchmuskeln, die am Becken vorne am Schambein ansetzen. Das ist nur möglich, wenn das Pferd durch eine aufgerichtete Halshaltung das Nacken- und Rückenband entspannt. Denn je tiefer der Pferdekopf in Richtung Dehnungs-

haltung gehalten wird, umso mehr spannt sich dieses System, verriegelt die Lendenwirbelsäule und den sonst sehr beweglichen Übergang von der Lendenwirbelsäule zum Kreuzbein in Streckung. So wäre eine Hankenbeugung eingeschränkt. Mit der aufgerichteten Halshaltung können die am Schambein ansetzenden Bauchmuskeln beide Beckenhälften nach hinten rotieren. Die Hüfthöcker wandern nach oben und der Übergang zwischen dem letzten Lendenwirbel und dem Kreuzbein öffnet sich.

Dadurch verändert sich auf dem Standbein die Belastungsrichtung durch die veränderte Beckenstellung auf den Oberschenkelknochen und der Belastungsvektor geht weniger nach unten Richtung Boden, sondern der Druck ändert sich nach vorne in das Kniegelenk und schiebt es vermehrt in Beugung nach vorne.

Physiologische Gelenkstellungen und -belastungen bei normaler Kruppenhaltung

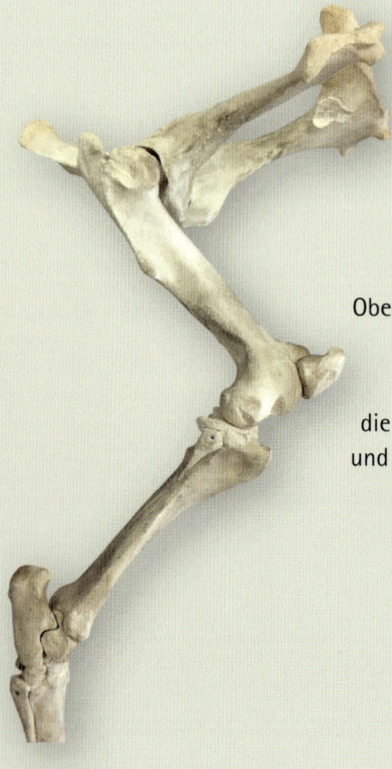

Gelenkstellungs- und Belastungsänderung bei der Hankenbeugung

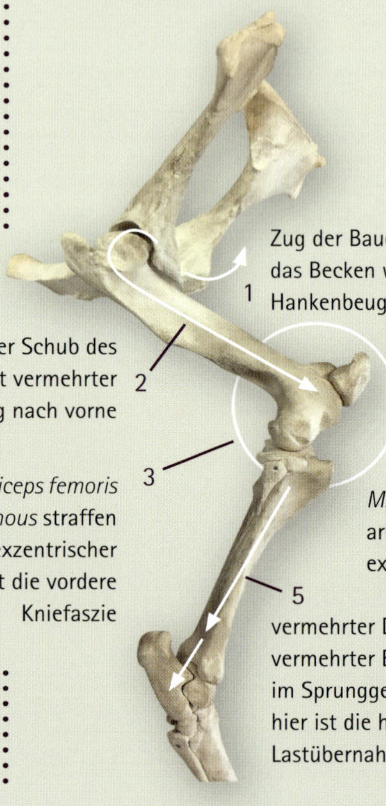

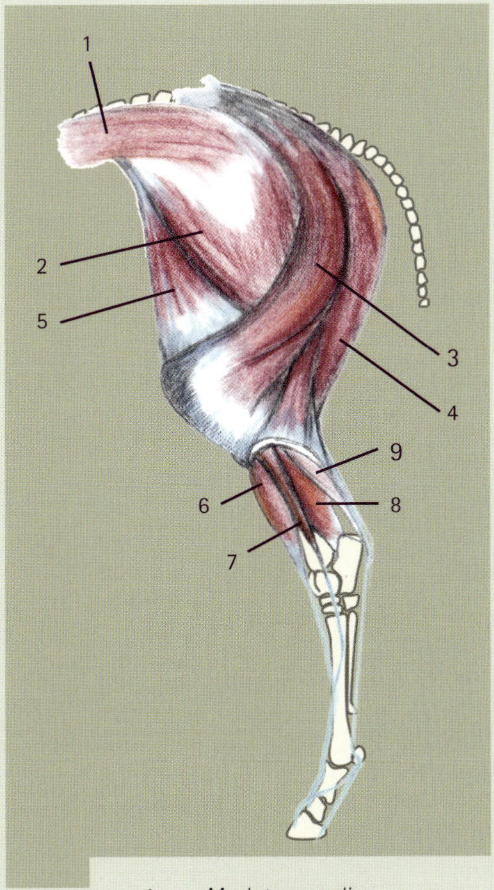

1	*M. gluteus medius*
2	*M. gluteus superficialis*
3	*M. biceps femoris*
4	*M. semitendinosus*
5	*M. tensor fasciae latae*
6	*M. extensor digitorum longus*
7	*M. extensor digitorum lateralis*
8	*M. flexor digitorum profundus*
9	*M. gastrocnemius*

Dieser spitzere und mehr belastete Kniewinkel muss dort nun mit den entsprechenden Gelenkbändern, hier vor allem mit dem vorderen und hinteren Kreuzband, aufgefangen und gehalten werden.

*Diese beiden Bänder (Faszien) verhindern ein Weggleiten des Oberschenkels über das Plateau des Unterschenkels. Der mächtige Kniestrecker (*M. quadriceps*) und die von hinten, außen und innen, in die Kniefaszie einstrahlende Hosenmuskulatur (*M.biceps femoris *und* M. semitendinosus*) müssen exzentrisch, das bedeutet, in Dehnung, statisch arbeiten. Das ist eine für das Pferd unphysiologische Muskelarbeitsform, die aber sehr gut für die Kraftentwicklung ist. Vom Pferd muss sie erst langsam erlernt werden. Die Gelenkbänder, die Kreuzbänder sowie auch das Kniescheibenband können durch vorsichtig dosiertes Training kontrolliert bei der Piaffearbeit gekräftigt werden. Auch die das Knie umgebenden Faszien müssen durch die vermehrte Haltearbeit in ihrer Stärke trainiert werden, damit das Kniegelenk die vermehrte Belastung schadensfrei halten kann. Deswegen ist es wichtig, die Beckenkippung sowie die statische Phase auf dem Standbein langsam zu steigern, am besten nur jeden dritten Tag, damit das Gewebe sich an den überschwelligen Reiz adaptieren kann.*

Die das Knie in der Position haltenden Muskeln pressen den Unterschenkel vermehrt in das Sprunggelenk. Durch den veränderten Vektor im Kniegelenk

Die äußeren stabilisierenden Bänder des Sprunggelenks mit dem langen Sohlenband (*Ligamentum plantare longieren*), hinten am Fersenbein

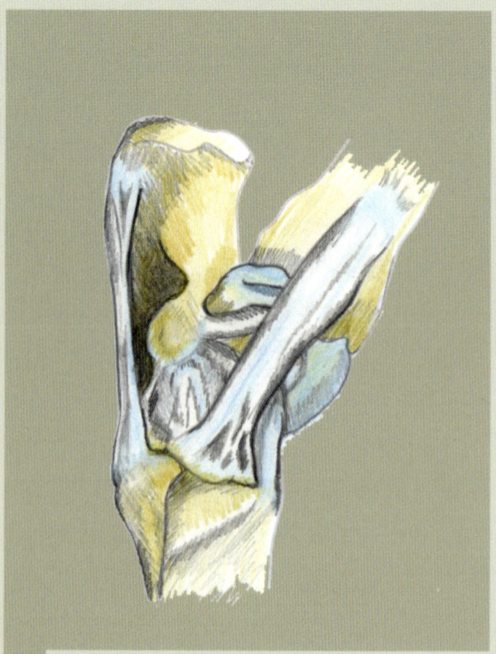

Die inneren stabilisierenden Bänder

verändert sich auch der Kraftvektor auf das Sprunggelenk. Der Schub des Unterschenkels geht mehr Richtung hinten zum Fersenhöcker als in Richtung des Fesselgelenkes. Auch das Sprunggelenk muss auf diese unphysiologische Belastung in seinen Bändern und Muskeln vorsichtig aufgebaut werden. Besonders das lange Sohlenband, das Ligamentum plantare longum, muss vorsichtig auf den vermehrten Druck vorbereitet werden, damit das Sprunggelenk nicht durch Überforderung instabil wird. Auch hier gilt wieder die Reifungszeit der Faszien von zwei Jahren.

Die Piaffe an der Hand trainiert in hervorragender Weise die Schubkraftentwicklung der Hinterhand in kontrollierten Gelenkstellungen und mit guter Kraftentfaltung durch statisch exzentrisches Training. Durch die veränderte Winkelstellung wird unter zunehmender Entlastung der Fesselgelenke und der Fesselträger der Schub und die Tragkraft immer mehr aus dem stabilen Sprunggelenk erarbeitet.

5.

Das Pferd

Kann jedes Pferd die Piaffe lernen?

Diese Frage spaltet die Reiterwelt und lässt sich ganz einfach mit »Ja« beantworten. In der Sportszene werden ausschließlich die perfekt gebauten Dressurtalente in der Piaffe geschult. Dies ist sehr schade, da es sich bei der Piaffe um eine hervorragende Rückenschule handelt. Die Piaffe als Lektion ist hierfür ein gutes Beispiel. Spielerisch und mit Verstand in das Trainingsprogramm eingebaut, hilft sie in der Regel allen Pferden, ihre Hinterbeine vermehrt zu belasten, das Gleichgewicht zu verbessern und den Rücken gut aufzuwölben. Nicht umsonst sieht ein piaffierendes Pferd stolz und majestätisch aus. Durch den korrekt angehobenen Widerrist scheinen selbst unscheinbare Pferde regelrecht zu wachsen. Selbstverständlich lernt ein Pferd mit perfektem Exterieur diese Lektion wesentlich einfacher, als ein Pferd mit starken Gebäudemängeln. Gerade das Pferd mit dem nicht so idealen Körperbau profitiert aber durch die Piaffe ganz enorm. Lernt es doch durch diese Lektion seinen Rücken gut aufzuwölben und die Hinterbeine stark und richtig einzusetzen. Pferde mit schlechtem Gebäude haben es so viel schwerer, ihren Job als Reitpferd auszuführen. Bei diesen Kandidaten ist es umso wichtiger, dass sie ganz besonders gut dressurmäßig ausgebildet werden. So können auch sie als Reitpferde ein langes und vor allem gesundes Leben ohne verschleißbedingte

Erkrankungen am Bewegungsapparat führen. Folgendes Zitat von Gustav Steinbrecht bezieht sich auf genau diese Pferde mit nicht idealem Exterieur:

»... so kann der Bereiter bei recht klarem Verständnis seiner Kunst viele natürliche Mängel und Übelstände beim Pferde beseitigen und bei solchen Fehlern und Gebrechen, die ihm durch Missbrauch oder Unverstand früherer Reiter beigebracht sind, oft wahre Wunder bewirken, indem er sie durch entsprechende Richtung des Pferdekörpers oft gründlich zu heilen vermag, nachdem alle tierärztliche Hilfe vergebens angewendet war.«[10]

Es gibt genug Beispiele von Korrekturpferden, die durch die klassische Dressur regelrecht gesund geritten wurden. Die Piaffe als Lektion gehört zu diesem Fitnessprogramm dazu.

Nun gibt es zum Abschluss dieses Kapitels noch einen Hinweis zur Vorsicht. Ein Pferd mit einem schlechten Gebäude wird möglicherweise niemals die im Kapitel 4 beschriebene perfekte Piaffe erreichen. Es kann sogar bei ganz schwierigen Fällen sein, dass es für immer bei dem Diagonalisieren bleibt. Der Ausbilder sollte bei der Arbeit mit diesen Pferden mit der nötigen Vorsicht und Achtsamkeit vorgehen. Die Übungen für die Piaffe sind, wie oben erklärt, auch für diese Pferde wichtig und sinnvoll, sollten aber immer angemessen zu den Fähigkeiten des vierbeinigen Schülers eingesetzt werden.

Das folgende Zitat von Kurt Albrecht verdeutlicht ebenfalls den alle Disziplinen übergreifenden Wert der Piaffe:

»Es wird daher niemanden verwundern, dass die Piaffe einen nicht wegzudenkenden Teil der Hohen Schule bildete, und dieser Name wiederum auf die große Ausdruckskraft dieser stolzen Gangart zurückzuführen sein wird. Sie gehörte einst nicht nur zur »Standardausrüstung« jedes »Schulpferdes«, sondern diente der Vervollkommnung der Ausbildung für alle Reitzwecke, ja selbst für die

des Fahrpferdes gehobener Klasse. Es wäre daher nur eine billige Forderung, der Piaffe ihre heutige unbefriedigende Zweckgebundenheit als Dressurbewerbs-Bestandteil zu nehmen und sie wieder wie einst als wertvollen Behelf in die Ausbildung (zumindest) jedes Dressurpferdes zu integrieren.«[11]

[10] Steinbrecht, Gustav, Gymnasium des Pferdes, S. 54-55.
[11] Albrecht, Kurt, Ausbildungshilfen für Pferd und Reiter, S. 104

EXKURS:

Pardo

Mein Andalusier Pardo ist ein Beispiel für ein im herkömmlichen Sinne denkbar untalentiertes Pferd für die Piaffe. Pardo ist ein Pferd mit einem sehr schlechten Exterieur. Sein Rücken ist extrem weich. Von der Seite betrachtet sieht die Rückenlinie regelrecht hängend aus. Man kann sich gar nicht vorstellen, dass er diesen Rücken aufwölben kann. Seine linke Vorhand hat einen starken Stellungsfehler. Als ich Pardo im Alter von 11 Jahren übernommen habe, war der linke Vorderhuf nach innen eingedreht. Auf einer Röntgenaufnahme im Rahmen einer Untersuchung des Karpalgelenks kam Jahre später heraus, dass er im Fohlenalter einen Griffelbeinbruch gehabt haben muss. Dieser Bruch war offensichtlich nicht behandelt worden. Durch diese Verletzung entwickelte sich die Schonhaltung und vermutlich auch der Stellungsfehler. Mit zunehmender Dressurausbildung drehte sich Pardos linkes Vorderbein mehr und mehr aus. Diese Schonhaltung hatte eine starke Verspannung der Muskulatur im Schulterbereich verursacht. Mit vermehrter Lockerung der Muskulatur wurde das Vorderbein wieder gerader. Pardo ist in der Hinterhand eher steil und stellt diese gerne nach hinten raus. Als ich ihn übernahm, ging er stark über dem Zügel und drückte den Rücken nach unten weg.

Pardo die Piaffe beizubringen war neben den beschriebenen körperlichen Mängeln außerdem sehr schwer, da er vom Interieur ein Pferd ist, welches schnell gestresst und unsicher ist. Ein ruhiges Eintakten mit der schwingenden Touchiergerte war bei ihm zu Beginn schlichtweg unmöglich. Er fühlte sich so schnell bedrängt durch den am Kopf stehenden Ausbilder und die mitgeführte Gerte, dass er ein schnelles Zappeln auf der Stelle anbot, statt wie gewünscht im vorgegebenen Rhythmus zu reagieren. Seine körperlichen Herausforderungen verursachten bei ihm zusätzlichen Stress. Manch einer würde nun sagen: »Warum muss so ein Pferd die Piaffe lernen?« Die Piaffe war für Pardo eine regelrechte Krankengymnastik. Im Vergleich zu anderen Pferden hat er selbstverständlich sehr viel mehr Zeit benötigt, um diesen Bewegungsablauf zu erlernen. Er hat daraus jedoch extreme Vorteile für seine körperliche Fitness gezogen.

Die Piaffe ist auch für Pferde mit nicht idealem Körperbau eine hervorragende Übung für einen starken und gesunden Rücken.

Aus dem schwachen Pferd mit wenig Hals und nicht vorhandener Bauchmuskulatur wurde ein schön bemuskelter Athlet, der Freude an seinem Können hat. Pardo ist ein Beispiel dafür, dass klassische Dressur richtig eingesetzt, Pferde regelrecht gesund machen kann.

Beginn der Arbeit an der Hand im zweiten Ausbildungsjahr nach Abschluss der Remontenschule

Wann beginnt man mit der Arbeit an der Hand?

Nach Abschluss der Remontenschule, also ca. im zweiten Jahr der Ausbildung, wird mit Beginn der Campagneschule auch die Arbeit an der Hand hinzugenommen. Am Ende der Remontenschule beherrscht das junge Pferd alle drei Gangarten in korrektem Takt und mit richtiger Anlehnung auf großen Linien (ganze Bahn und Zirkel). Es hat zu diesem Zeitpunkt gelernt, sich unter dem Reiter mit schwingendem Rücken losgelassen in korrektem Vorwärts zu bewegen. Hier sei kurz darauf hingewiesen, dass korrektes Vorwärts bedeutet, dass sich das Pferd nicht verhält (untertourig oder zäh ist) und auch nicht über Tempo davoneilt. Wie der vorherige Satz erkennen lässt, ist die Losgelassenheit neben dem Takt, Schwung und Anlehnung ebenfalls eine Grundvoraussetzung für den Beginn der Arbeit an der Hand. Aufgeregte und ängstliche Pferde dürfen auf keinen Fall anpiaffiert werden.

In Kurt Albrechts »Ausbildungshilfen für Pferd und Reiter« findet sich ein wichtiger Hinweis zum Zeitpunkt des Beginns für die Arbeit an der Hand. Dieser bezieht sich besonders auf Pferde mit ungünstigem Exterieur.

»Gerade dann aber, soll sie überhaupt von Erfolg begleitet sein, muss sie relativ frühzeitig einsetzen, weil ausgeformte Muskelpartien und ein entsprechend straffer Bänderapparat jeder biegenden Gymnastizierung einen größeren Widerstand entgegensetzen, als dies noch zu einer Zeit geschehen würde, wenn noch nicht deren endgültige Konsistenz erreicht ist.«[12]

Im selben Buch von Kurt Albrecht findet sich ein weiteres wichtiges Zitat zum Zeitpunkt des Beginns:

»Um aber dieser geforderten Beinbewegung, die ein Anheben der Vorderbeinhufspitze bis zur Röhrbeinmitte des Stützbeins und der des diagonalen Hinterfußes bis knapp über den Fesselkopf verlangt, den Ausdruck höchster

[12] *Albrecht, Kurt, Ausbildungshilfen für Pferd und Reiter, S. 81*

Konzentration und Erhabenheit zu geben, müssen die Hinterhandgelenke eine entsprechend ausgeprägte Trag- (und Spann-)kraft besitzen. Ein großer Teil davon kann durch die gymnastizierende Ausbildearbeit an der Hand, der Rest durch die richtige Arbeit im Sattel erworben werden. Fällt diese Vorbereitung an der Hand weg, muss unter dem Sattel so frühzeitig damit begonnen werden, dass dieser Ausfall weitgehend wettgemacht werden kann. Die weitverbreitete Meinung, dass diese Arbeit, wenn man mit ihr schon bald nach der Grundausbildung beginnt, Nachteile für die Gesundheit mit sich bringt, entbehrt jeglicher Beweise.«[13]

Brigadier Kurt Albrecht war seit 1965 an der Spanischen Hofreitschule. Von 1974 bis 1985 war er der Leiter dieser Institution, die seit mehr als 450 Jahren die klassische Reitkunst bewahrt. Die korrekten, taktklaren und ausdrucksstarken Piaffen, die mit diesem seit Jahrhunderten bewährten System ausgebildet werden, sprechen für sich. Die Arbeit an der Hand mit Beginn der Campagneschule ist wie oben beschrieben ein entscheidender Baustein.

Zum Ende dieses Kapitels sei allerdings nochmal darauf hingewiesen, dass die anfangs erwähnte Basisausbildung vorhanden sein sollte, bevor mit der Arbeit an der Hand und dem Erlernen der Piaffe begonnen wird. Im ersten Jahr der Ausbildung wurde das junge Pferd gekräftigt und hat das Vorwärts gelernt. Dies ist das Fundament für die Arbeit an der Hand. In der Pferdeausbildung gibt es keine Abkürzungen. Gleiches gilt selbstverständlich für Korrekturpferde. Kennt das Korrekturpferd noch nicht die Ausbildungsinhalte der Remontenschule (erstes Ausbildungsjahr) sind diese zuerst in das Trainingsprogramm einzubauen. Erst nach Abschluss der Remontenschule wird die Arbeit an der Hand hinzugenommen. Das folgende Zitat von Dr. med. vet. Gerd Heuschmann sollte in diesem Zusammenhang manchen Reiter nachdenklich stimmen:

»Die Zahl der Reiter, die ein Pferd nur zu dem Zweck »ausbildet«, um in möglichst kurzer Zeit eine in

[13] *Albrecht, Kurt, Ausbildungshilfen für Pferd und Reiter, S. 102*

ihren Augen sogenannte »Piaffe« ausführen zu können, wächst unaufhörlich. Gelingen diese andressierten Tritte mehr oder weniger, hält man sich bereits für einen Meister der klassischen Dressur, obwohl die meisten von ihnen nicht einmal in der Lage sind, eine geschmeidige halbe Parade vom Galopp zum Trab oder in den Schritt oder einen versammelten Galopp in Selbsthaltung und schon gar keinen getragenen Kontergalopp oder ein Schulterherein im Galopp zu reiten.«[14]

Auch Seunig weist darauf hin, dass die Remontenschule abgeschlossen sein muss, bevor mit der Arbeit an der Hand begonnen werden darf:

»Betont sei aber hier ausdrücklich, dass weder das Hilfsmittel der versammelnden Arbeit an der Hand, noch dasjenige der später zu besprechenden Pilarenarbeit zum vollen Erfolg führen wird, wenn nicht die dazu vorbereitende Geschmeidigkeit unter dem Sattel bis zu der in den vorhergehenden Abschnitten geschilderten Ausbildungsstufe gediehen ist.«[15]

[14] *Dr. med. vet. Heuschmann, Gerd, Die Anatomie und Biomechanik von Stellung und Biegung, S. 16*

[15] *Seunig, Waldemar, Von der Koppel bis zur Kapriole, S. 320*

EXKURS:

Merkmale eines korrekt gearbeiteten Pferdes

Durch die Ausbildung sollte das Pferd stolzer, schöner und vor allem rittiger werden. Neben der positiven Entwicklung dieser »Reitpferde-Points« lässt sich aber auch an der Muskulatur und Körperhaltung des Pferdes erkennen, ob man sich auf dem richtigen Weg befindet.
Die Richtigkeit der Ausbildung lässt sich anhand der Reiteigenschaften und der körperlichen Merkmale des Pferdes überprüfen.

Reiteigenschaften:
Hier ist neben den rein reiterlichen zu spürenden Eigenschaften, auch das Pferd als fühlender Partner einzuschließen. Wie geht es dem Pferd bei der Arbeit mit seinem Menschen?

Das Pferd-Reiter-Paar ist auf dem richtigen Weg, wenn …

- *das Pferd fleißig am Bein ist und prompt auf den minimalsten Schenkeldruck nach vorne sprudelt, ohne davonzurennen.*
- *das Pferd jederzeit mit feinen Hilfen in ein ruhigeres Tempo zurückgeführt und es auch zum Schritt oder Halt pariert werden kann.*
- *das Pferd in den Paraden nicht auf die Hand kommt und sich mit weich kauendem Maul selbst trägt.*
- *das Pferd an die Zügelhand herantritt. Es entzieht sich nicht hinter den Zügel und auch nicht über den Zügel.*
- *der Reiter zwischen den verschiedenen Formgebungen variieren kann. Im Schritt, Trab und Galopp kann zwischen Versammlung und Dehnungshaltung gewechselt werden. Das Pferd bleibt im Takt und losgelassen.*
- *sich das Pferd federnd und weich unter dem Reiter bewegt. Die Bewegungsenergie sprudelt elastisch und kontrolliert nach vorne. Die Bewegungen sind fließend und der Reiter hat ein angenehmes Sitzgefühl.*
- *das Pferd freudige und strahlende Augen bei der Arbeit hat und gerne mit seinem Menschen in die Bahn geht.*

Gleichmäßiger Trab mit aktiv abfußender Hinterhand bei korrekter Oberlinie und idealer Anlehnung am Trensenzügel mit weich anstehendem Kandarenzügel

Das Pferd-Reiter-Paar ist nicht auf dem richtigen Weg, wenn ...

- *das Pferd nur noch langsam laufen möchte, zäh ist oder permanent davonrennen möchte.*
- *das Pferd hart auf der Hand liegt.*
- *das Pferd gar keinen Kontakt zur Hand des Reiters sucht, sich hinter den Zügel oder nach oben über den Zügel entzieht, die Oberlinie kurz macht und den Rücken nach unten hängen lässt.*
- *sich die Bewegungen hart und stoßend oder schlapp und energielos anfühlen.*
- *der Reiter nicht mehr aus der Versammlung in das Vorwärts-Abwärts wechseln kann. Das Pferd bleibt in diesem Fall eingerastet in der »versammelten« Silhouette oder stürmt hektisch davon, wenn der Zügel für die Dehnungshaltung verlängert wird.*
- *sich das Pferd von seinem Menschen wegdreht, wenn er zu ihm kommt.*

Ein korrekt gearbeitetes Pferd trägt sich selbst und wächst regelrecht aus dem Widerrist. Pferd und Reiter haben gemeinsam Freude an der Arbeit.

- *wenn das Pferd einen traurigen Ausdruck bei der Arbeit hat. Beide Partner (Mensch & Pferd) sollten Spaß am Reiten haben.*

Neben den Reiteigenschaften geben die **körperlichen Merkmale** *wichtige Hinweise.*

Das Pferd-Reiter-Paar ist auf dem richtigen Weg, wenn ...

- *das Pferd durch die Ausbildung regelrecht körperlich wächst und beginnt zu strahlen.*
- *sich durch das vermehrte Setzen auf die Hinterhand der Widerrist hebt und das Pferd größer wirkt.*
- *die Schulter durch das Training breiter wird.*
- *der Halsansatz im unteren Bereich breiter und der ganze Hals in der Oberlinie stärker wird.*
- *der lange Rückenmuskel gut ausgeprägt, die Muskulatur locker und der Bereich neben dem Widerrist mit Muskulatur gefüllt ist.*
- *die Hinterhand des Pferdes gut bemuskelt ist. Sie sieht kugelförmig und schön rund aus.*
- *wenn sich das Pferd leise und leichtfüßig bewegt und die Bewegungen stets elegant, aber auch lebendig aussehen.*

Das Pferd-Reiter-Paar ist nicht auf dem richtigen Weg, wenn ...

- *das Pferd im Widerrist einsackt und von der Seite betrachtet bergab steht.*
- *das Pferd absolut aufgerichtet ist. Die Oberlinie ist nicht lang, sondern verkürzt.*
- *das Pferd einen Unterhals herausdrückt.*
- *der Rücken nach unten durchhängt.*
- *sich neben dem Widerrist und entlang der Wirbelsäule Kuhlen bilden und sich der lange Rückenmuskel zurückbildet.*
- *die Hinterhand kantig aussieht.*
- *sich nur neben dem Schweif zwei Muskelstränge bilden (das Pferd schiebt zu viel und trägt nicht).*
- *sich das Pferd laut und stampfend bewegt.*
- *die Muskulatur hart und fest ist.*
- *sich hinter den Ganaschen dicke Wülste bilden (zu kurz im Hals und komprimiert über die Hand).*

Der Ausbilder sollte immer versuchen, sein Auge zu schulen. Dazu gehört die Beobachtung von Pferden in Bewegung und im Stand. Der gemeinsame Ausdruck von Reiter und Pferd gibt ebenfalls wichtige Hinweise. Sieht es harmonisch, fein und kunstvoll aus? Der Reiter sollte niemals Kraft aufwenden und einen korrekten, eleganten und lockeren Sitz haben. Beide Lebewesen in der Bahn sollten Spaß haben. Dann ist es richtig.

Bedeutung der Seitengänge & Geraderichtung

Wie bereits zuvor erwähnt folgt ungefähr nach einem Jahr Ausbildung die Campagneschule. Im Rahmen der Campagneschule lernt das Pferd mehr Last mit der Hinterhand aufzunehmen, also sich mehr und mehr zu versammeln. Neben dem Beginn der Arbeit an der Hand gehört zu diesem Ausbildungsabschnitt auch die Schulung der Seitengänge. Viele Reiter beginnen viel zu spät oder niemals mit den Seitengängen. So sinnvoll das turniermäßige Prüfungssystem aufgebaut ist, suggeriert es dem Reiter in diesem Fall fälschlicherweise, dass Seitengänge erst ab L-Niveau relevant in der Ausbildung sind. Von dieser Vorgehensweise ist deutlich abzuraten, da die Seitengänge zur Basis der Ausbildung gehören.

Ziel der Reitpferdeausbildung ist es, die Versammlungsfähigkeit des Pferdes zu stärken und das Pferd geradezurichten. Nur das geradegerichtete Pferd kann seine Arbeit als Reitpferd ein Leben lang ohne körperliche Schäden ausführen. Ein unausgebildetes Pferd hat natürlicherweise eine hohle und eine steife Seite. Das bedeutet, dass es eine Körperhälfte lieber dehnt als die andere. Wer selbst Sport betreibt und sich selbst regelmäßig dehnt, kennt dieses Gefühl. Eine Körperhälfte ist auch bei uns Menschen dehnfähiger. Die Dehnung der verkürzten Seite ist sowohl uns Menschen als auch den Pferden unangenehm bis schmerzhaft. Hinzu kommt, dass ein Pferd ein kräftigeres und ein schwächeres Hinterbein hat. Auch dies kennen wir Menschen. Wenn wir uns auf ein Bein stellen und das andere angewinkelt in die Luft halten, gibt es auch bei uns ein starkes Bein, auf dem wir problemlos längere Zeit verweilen können, und ein schwaches Bein, auf dem wir hin und her schwanken wie eine Tanne im Wind. Mit zunehmendem Muskeltraining können wir irgendwann problemlos auch auf dem schwachen Bein längere Zeit verweilen. Genauso ergeht es unserem Pferd. Auch wir Menschen sind durch regelmäßige Dehn- und Kraftübungen irgendwann in unseren beiden Körperhälften gleichmäßig geschmeidig und stark.

Für unser junges oder das Korrekturpferd bedeutet dies nun, dass es aufgrund der fehlenden Geraderichtung (gleichmäßige Dehnfähigkeit beider Körperhälften) und der fehlenden Kraft in der Muskulatur seine vier Beine noch ungleichmäßig belastet.

So fällt zum Beispiel das links hohle Pferd vermehrt auf seine rechte Schulter.

Traversale nach links im ruhigen versammelten Schritt

Schulterherein

Auf der rechten, steifen Seite drängelt es gegen den inneren Schenkel. Es fällt auch hier auf die rechte Schulter. Die hohle Seite zeichnet sich immer durch eine weniger dehnfähige Rumpfmuskulatur aus. Das Hinterbein auf der hohlen Seite ist das schwächere Hinterbein, welches der Lastaufnahme ausweicht, indem es innen seitlich am Schwerpunkt vorbeifußt. Das Hinterbein auf der steifen Seite ist stärker und tragfähiger, aber auch steifer.[16]

Geraderichtung bedeutet, dass das Reitpferd mit dem Hinterbein der einen Seite auf allen Linien exakt in die Spur des gleichseitigen Vorderbeins fußt. Ein geradegerichtetes Pferd verursacht im Sand der Reitbahn exakt zwei Hufspuren auf allen geraden und gebogenen Linien. Gleich einem Zug auf Schienen fußen die Hinterbeine immer exakt in die Spur der gleichseitigen Vorderbeine. Die Geraderichtung bewirkt somit eine gleichmäßige Belastung der vier Pferdebeine. Solange das Reitpferd noch nicht geradegerichtet ist, werden die Beine wie oben beschrieben ungleichmäßig belastet. Dies führt bei dem erwähnten links hohlen Pferd zu einer vermehrten Belastung des rechten Vorderbeins. Bei einer Nutzung als Reitpferd ohne dressurmäßige Arbeit an der Geraderichtung wird es auf Dauer zu Erkrankungen am Bewegungsapparat kommen.

Ohne Seitengänge gibt es keine Geraderichtung. Mit Hilfe der Seitengänge werden beide Körperhälften des Pferdes gleichmäßig gedehnt. Schultern und Hinterhand des Pferdes werden kontrollierbar

Ausfallen über die rechte Schulter

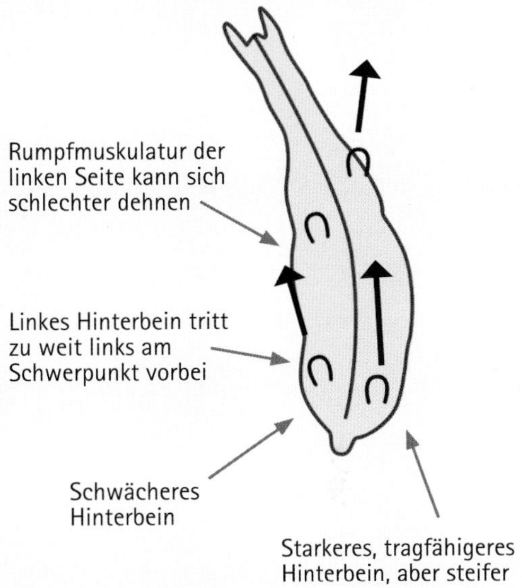

Ausfallen über die linke Schulter

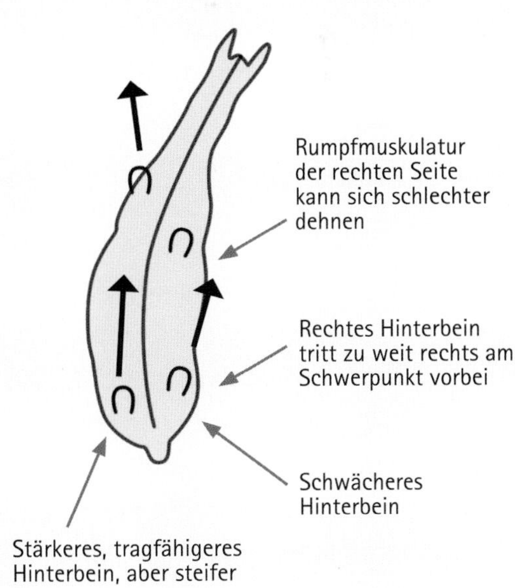

[16] *Dr. med. vet. Heuschmann, Gerd, Balanceakt in dubio pro equo, S. 126–127*

und positionierbar gemacht. Immer wieder ist zu sehen, dass die Reiter sich zwar an das Schulterherein heranwagen, das Kruppeherein/Travers aber aus dem Repertoire herauslassen. Grund für dieses Vorgehen ist die Orientierung an den Turnierklassen. Kruppeherein/Travers ist erst relevant ab Klasse M und wird daher sehr häufig nicht in das tägliche Training eingebaut. Wie oben erwähnt, bedarf es für die Geraderichtung des Reitpferdes aller Seitengänge. Schulterherein befähigt den Reiter, die Schultern des Pferdes zu positionieren und das innere Hinterbein zu kontrollieren. Das Kruppeherein/Travers ermöglicht die Kontrollierbarkeit der Kruppe und des äußeren Hinterbeins. Genau wie die Arbeit an der Hand nicht zu spät begonnen werden darf (siehe Zitat von Brigadier Kurt Albrecht im vorherigen Kapitel), dürfen auch die Seitengänge auf keinen Fall im Trainingsrepertoire vernachlässigt werden. Im Kapitel »Erste Schritte – Basisübungen« findet sich daher auch ein Abschnitt zum Thema »Übertreten an der Hand – Vorbereitung Seitengänge«. Seitengänge vermitteln dem jungen oder dem Korrekturpferd, dass es seine Hinterbeine nicht nur vorwärts, sondern auch seitwärts bewegen kann. Dieses Bewegungsmuster beinhaltet erste Elemente der Hankenbeugung. Das Seitwärtssetzen der Hinterhufe erfordert bereits eine Winkelung der drei großen Gelenke der Hinterhand. Neben dem dehnenden Effekt auf die gesamte Oberlinie des Pferdes, haben die Seitengänge somit auch einen stärkenden Effekt auf die Extremitäten der Hinterhand. Genau wie bei der Piaffe ist es sinnvoll, dem jungen Pferd/Korrekturpferd die erste Idee von Seitwärts erst an der Hand in Form von Übertreten beizubringen. Auch zu den Seitengängen im Schritt lässt sich wieder Brigadier Kurt Albrecht zitierten:

»In diese erste Schrittphase, die einerseits der Lockerung, andererseits aber bereits dem Aufmerksammachen und somit der Vorbereitung für das Kommende dient, können ohne Schaden erste hinterhandgymnastizierende Anforderungen, wie Kurz-Kehrt-Wendungen oder Schritte auf doppeltem Hufschlag, wie Schulterherein oder halber Travers, eingebaut werden.«[17]

[17] *Albrecht, Kurt, Ausbildungshilfen für Pferd und Reiter, S. 127*

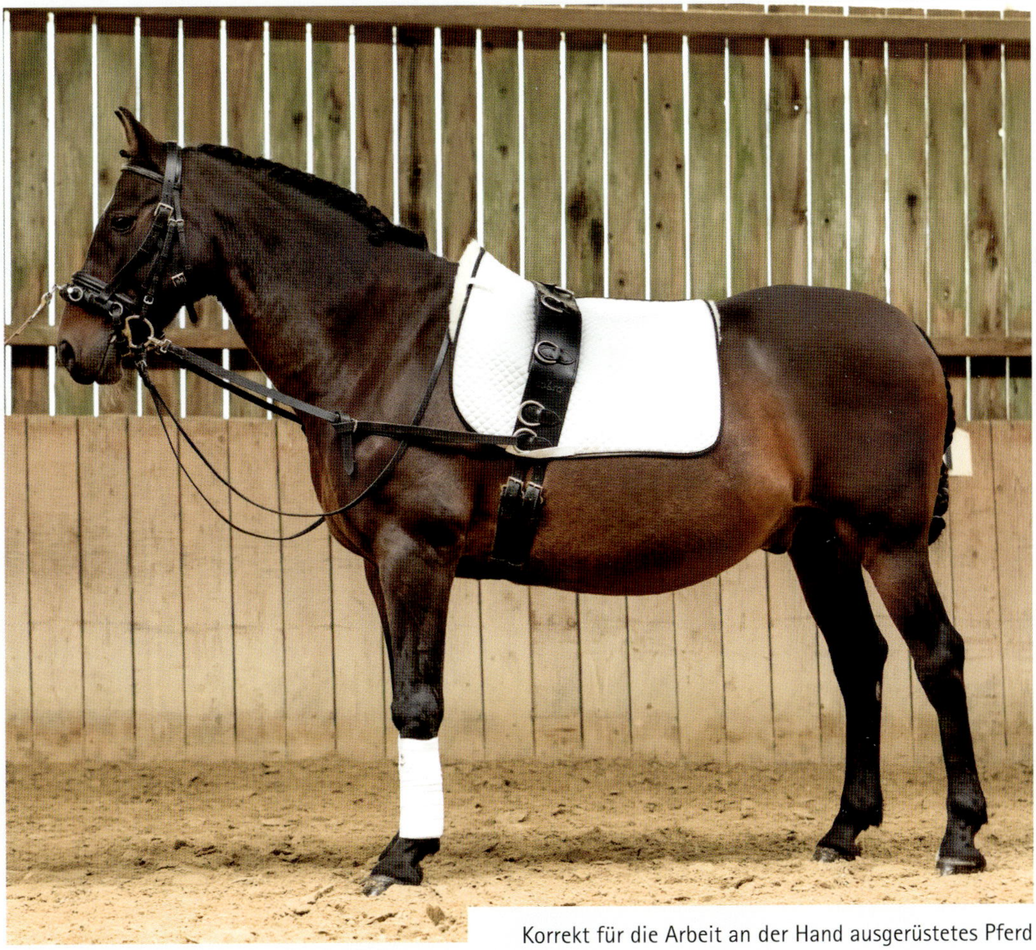

Korrekt für die Arbeit an der Hand ausgerüstetes Pferd

Ausrüstung des Pferdes

Für die Arbeit an der Hand werden ein gut sitzender Kappzaum, eine Kurzlonge, Ausbinder und eine Trense benötigt. Soll das Pferd nach der Arbeit an der Hand noch unter dem Sattel gearbeitet werden, ist es bereits gesattelt. Steht keine Reiteinheit auf dem Programm, sollte das Pferd mit einem korrekt passenden Longiergurt ausgerüstet sein.

Bei der **Wahl des Kappzaums** ist darauf zu achten, dass er gut sitzt. Das auf dem Foto abgebildete Modell ist empfehlenswert, da es sich sowohl gut für die Arbeit an der Hand als auch für das Longieren am Kappzaum einsetzen lässt. Dieser

Gut sitzender Kappzaum, der über der Trense angebracht werden kann, und später für die Reiteinheit wieder entfernt wird

Kappzaum wird ebenfalls an der Spanischen Hofreitschule in Wien verwendet. Er hat den großen Vorteil, dass er so fein geschnitten ist, dass er auch problemlos über die Trense oder den Kandarenzaum geschnallt werden kann. Ist man mit der Arbeit an der Hand fertig, kann der Kappzaum entfernt werden und das Pferd ist gleich startklar für die Reiteinheit. Andere am Markt verfügbare Modelle sind deutlich voluminöser und eignen sich daher häufig nicht für die Verschnallung über der Trense. Grundsätzlich sollte ein Kappzaum mit einem Naseneisen ausgerüstet sein. Ohne das Naseneisen besteht keine ausreichende Einwirkungsmöglichkeit und ein feines Arbeiten ist nicht machbar. Wichtig ist außerdem, dass der Kappzaum über Gelenke im Bereich des Naseneisens verfügt. Diese Gelenke bewirken, dass sich der Kappzaum an den Nasenrücken des Pferdes anschmiegt. Kappzäume, die Zwischenräume zwischen Nasenrücken und Naseneisen entstehen lassen, sind nicht geeignet. Die Lücken weisen auf eine schlechte Passform hin. Nicht korrekt sitzende Kappzäume verursachen dem Pferd durch das falsch sitzende Naseneisen Schmerzen und dürfen auf keinen Fall verwendet werden.

Beispiel für ein korrekt sitzendes, sich an die Pferdenase anschmiegendes Naseneisen

In korrekter Höhe verschnalltes Nasenstück

Dieses Nasenstück ist zu hoch verschnallt. Es kommt dadurch zu nah an Auge und Jochbein des Pferdes.

Zu tief verschnalltes Naseneisen

Ein zu tief verschnalltes Naseneisen kommt in den Bereich des Nasenknorpels, wo auf keinen Fall mit dem Kappzaum eingewirkt werden darf.

Zu locker verschnalltes Naseneisen. Die Einwirkung wird dadurch ungenau. Das wackelnde Nasenstück ist für das Pferd unangenehm.

Dieses Nasenstück ist zu hoch verschnallt. Es kommt dadurch zu nah an Auge und Jochbein des Pferdes.

Der Backenriemen des Kappzaums wird über dem Backenstück des Reithalfters und unter dem Backenstück der Trense durchgeführt. Der Backenriemen soll das Backenstück des Kappzaums vom Auge wegziehen.

Der Kappzaum liegt exakt auf dem Genickstück der Trense.

Ein weiteres Merkmal ist ein gut verstellbarer Backenriemen, der die Backenstücke von den Augen wegzieht. Dieser Backenriemen ist, anders als der Kehlriemen bei der Trense, etwas mittiger angebracht. Er hat im Gegensatz zum Kehlriemen der Trense die Funktion, die Backenstücke vom Auge wegzuziehen. Der Backenriemen ist so fest zu schnallen, dass er gut anliegt und die Backenstücke deutlich vom Auge wegbewegt. Der Schutz des Pferdeauges ist hier der entscheidende Punkt. Bei der Verschnallung der Backenstücke ist darauf zu achten, dass das Naseneisen ca. 2 cm unterhalb des Jochbeins liegt. Man kann sich an der vorgeschriebenen Lage des englischen Reithalfters orientieren. Es ist außerdem darauf zu achten, dass das Naseneisen nicht zu tief liegt. Das Nasenbein des Pferdes verjüngt sich in Richtung Nüstern und ist dort im Bereich des Knorpels besonders empfindlich. Dort darf auf keinen Fall eingewirkt werden. Läuft das Backenstück zu sehr über die Jochbeine und lässt sich durch das Befestigen des Backenriemens nicht ausreichend von Auge und Jochbein wegziehen, ist der Nasenriemen eventuell etwas tiefer zu verschnallen. Hier muss die individuelle Anatomie des Pferdekopfes berücksichtigt werden. Der Kinnriemen ist so zu schließen, dass das Naseneisen sich anschmiegt und auf keinen Fall wackelt. Das Pferd muss aber stets in der Lage sein, seinen Unterkiefer frei zu bewegen. Ein zu starkes Anziehen des Kinnriemens hätte einen negativen Effekt auf die gesamte Muskulatur des Pferdes. Der Leser stelle sich hier nur kurz vor, dass er Joggen gehen soll und sein eigener Unterkiefer zur Bewegungslosigkeit verdammt und fest an den Oberkiefer gebunden ist. Ein lockeres Joggen wäre in dieser Konstellation nicht möglich. Der Kiefer würde sich verspannen. Der verspannte Kiefer hätte einen negativen Effekt auf die Halswirbelsäule. Dieses Festhalten würde sich auf die gesamte Wirbelsäule fortsetzen. Den gleichen Effekt hat ein zu fest verschnallter Kinnriemen auf das Pferd. Das Pferd sollte stets in der Lage sein, von einer dicken Möhre abzubeißen. Dann ist der Kinnriemen richtig verschnallt.

Die Kurzlonge sollte aus Gurtmaterial bestehen und eine Länge von 1,50 bis 1,80 m haben. Das Ende der Kurzlonge sollte mit einem einfachen Karabiner ausgestattet sein. Führstricke mit Panikhaken sind nicht für die Arbeit an der Hand geeignet. Der große schwere Panikhaken lässt keine feinen Einwirkungen am Kappzaum zu. Handelsübliche Führstricke liegen aufgrund der Dicke

Ideal ist eine Kurzlonge aus Gurtmaterial. Benötigt wird ein einfacher Karabiner. Panikhaken sind nicht geeignet.

des Materials nicht fein genug in der Hand des Ausbilders. Der Ausbilder sollte seine Führhand immer entspannt um das Material der Kurzlonge schließen können. Eine noch feinere Einwirkung hat man mit Kurzlongen mit Lederschlaufe, da das Schwingen des metallenen Karabiners wegfällt. Die Lederschlaufe wird direkt am Kappzaum eingeschnallt. Benutzt wird immer der mittlere Ring des Kappzaums.

Die Kurzlonge sollte angenehm in der Hand des Ausbilders liegen. Benutzt wird der mittlere Ring des Kappzaums.

Anbringung der Ausbinder an der vorderen Gurtstrupfe unterhalb der Satteldecke

Anbringung der Ausbinder oberhalb der Zügel bei der Arbeit an der Hand ohne Reiter

So sollte der Ausbinder an der vorderen Gurtstrupfe unterhalb der Satteldecke liegen.

Anbringung der Ausbinder unterhalb der Zügel bei der Arbeit an der Hand mit Reiter

Befestigung der Ausbinder mittels des Sicherheitsknotens

Anbringung der Ausbinder am unteren Ring des Longiergurtes

Das Pferd ist auf **Trense** mit einfachem oder gebrochenem Mundstück gezäumt. Die Trense wird für die Befestigung der Ausbinder benötigt. Auf die Notwendigkeit von Ausbindern wird im Kapitel »Ausbinder – ja oder nein?« näher eingegangen.

Die **Ausbinder** sollten aus Leder ohne Gummiringe oder sonstige Elastikeinsätze bestehen. Gummiringe oder andere Einsätze verhindern eine sanfte und konstante Anlehnung und Führung des Pferdes. Die Ausbinder sind zu Beginn in der längsten Verschnallung einzustellen. Erst mit zunehmender Versammlungsfähigkeit werden die Ausbinder weiter verkürzt. Die kleine Lederschlaufe für die Befestigung der Riemenenden ist aus Sicherheitsgründen auf keinen Fall zu verwenden. Das Riemenende wird wie auf der Fotoserie zu sehen von innen nach außen geknotet. Dieser Knoten ist in Gefahrensituationen schneller zu lösen.

Bei Verwendung eines Longiergurtes ist auf hochwertige Polsterung und ausreichende Wirbelsäulenfreiheit zu achten.

Vorgehensweise beim Hochbinden des Schweifs

1.

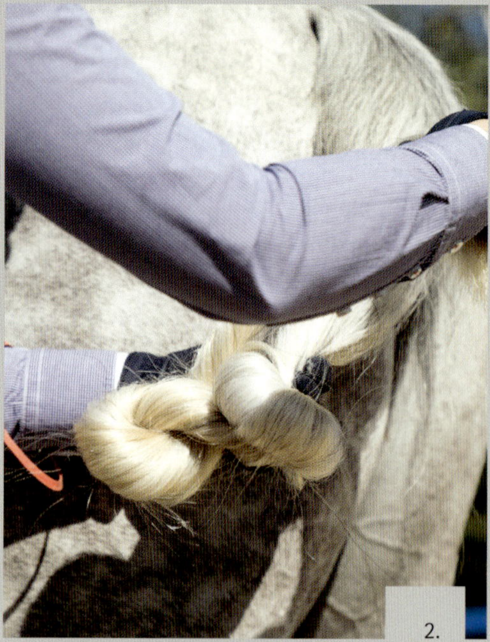

2.

Es ist stets darauf zu achten, dass die Ausbinder lang genug sind. Die heute in den Reitsportfachgeschäften angebotenen Ausbinder sind oft zu kurz. In diesen Fällen ist es manchmal sinnvoll, die nächste Größe zu verwenden. Arbeitet man das Pferd ohne Reiter an der Hand, ist der Ausbinder über dem Zügel in den Trensenring einzuhaken. Später in der Ausbildung wird die Piaffe an der Hand auch mit Reiter ausgeführt, um das Pferd in dieser Lektion an das Gewicht im Sattel zu gewöhnen. In diesem Fall wird der Ausbinder unter den Zügeln im Trensenring angebracht. Ist das Pferd gesattelt, werden die Ausbinder an der vorderen Gurtstrupfe unterhalb des Sattels angebracht. Beim Longiergurt ist der untere Ring zu verwenden. Der Longiergurt ist ebenfalls mit einer Satteldecke zu versehen und sollte auf keinen Fall im Bereich des Widerrists drücken. Es ist wie beim Sattel auf eine korrekte Wirbelsäulenfreiheit zu achten.

3.

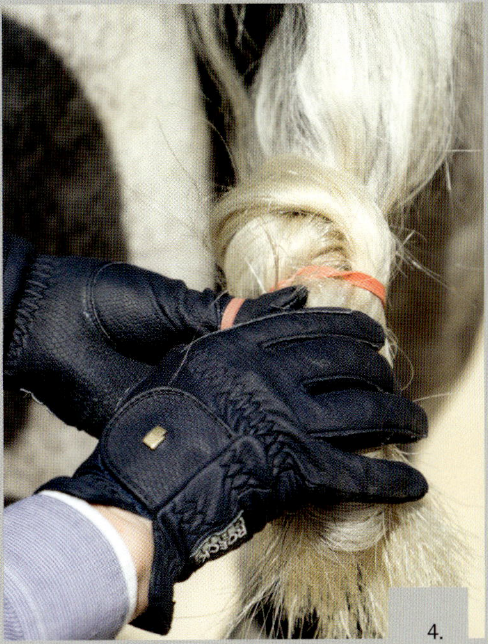
4.

Für die Arbeit an der Hand sollte außerdem der **Schweif** des Pferdes **hochgebunden** werden. Ohne hochgebundenden Schweif ist das punktgenaue Touchieren schwierig. Besonders das äußere Hinterbein lässt sich bei einem offenen Schweif sehr schwer erreichen. Im täglichen Training hat es sich bewährt, den hochgebundenen Schweif mit einem großen Einweggummi für Einmachgläser zu fixieren. Alternativ kann der Schweif auch hochgeflochten werden. Dies sieht kunstvoll aus, ist allerdings im Alltag sehr zeitaufwendig. An den **Hinterbeinen** ist außerdem auf **Beinschutz** in jeglicher Form zu **verzichten.** Bandagen und Gamaschen an der Hinterhand machen ein feines Touchieren unmöglich.

Bei der Einwirkung am Kappzaum ist stets darauf zu achten, dass niemals gezogen, sondern nur impulsartig eingewirkt wird.

Die Einwirkung am Kappzaum

Grundsätzlich sollte man sich bewusst machen, dass es sich bei dem Kappzaum um einen scharfen Ausrüstungsgegenstand handelt. Durch die Metalleinlage am Nasenbein wirkt man auf diesen empfindlichen Teil des Pferdekopfes ein. Interessant ist hier, dass es immer wieder Reiter gibt, die regelrecht Angst vor dem Kappzaum haben und aus diesem Grund oft Modelle wählen, die kein Naseneisen haben und nur aus Leder bestehen. Wie oben bereits erwähnt ist damit ein feines Einwirken nicht möglich. Dieselben Reiter haben dann allerdings keinerlei Bedenken, das Gebiss im Pferdemaul zu verwenden. Ein Kappzaum ist genauso scharf wie eine Trense im Maul des Pferdes. Beide Ausrüstungsgegenstände sollten mit dem nötigen Respekt verwendet werden und die korrekte Einwirkung ist zu erlernen. Ein Kappzaum ohne Naseneisen ist vergleichbar zum gebisslosen Reiten. Eine feine und differenzierte Hilfengebung ist hiermit nicht möglich.

Bei der Einwirkung am Kappzaum ist stets darauf zu achten, dass niemals gezogen und nur impulsartig eingewirkt wird. Genau wie bei den Zügeln an der Trense würde ein Zug an der Kurzlonge ein Gegenziehen des Pferdes bewirken. Auch hier gilt der Grundsatz »Zug erzeugt Gegenzug«.

Auf keinen Fall darf das Pferd am Kappzaum hinter dem Ausbilder hergezogen werden. Auch bei der Arbeit am Kappzaum wird das Pferd von hinten nach vorne an den Kappzaum herangetrieben. Die Einwirkung am Ring des Kappzaums gleicht von der Idee einem »Klingeln« oder »Rütteln«. Abhängig vom Naturell des Pferdes reicht die Einwirkung hier von einem sanften Vibrieren bis zu einem deutlich Ruck. Als Ausbilder ist stets darauf zu achten, dass das Pferd reagiert. Die Einwirkung ist immer fein zu beginnen und sofort zu steigern, wenn keine Reaktion erfolgt. Arbeitet man mit einem Pferd, welches aktuell eine deutlichere Einwirkung benötigt, muss der Ausbilder sich trauen, auch am Naseneisen deutlich stärker einzuwirken. Es ist stets zu berücksichtigen, dass es sich immer um eine impulsartige Einwirkung handelt. Ziel jeglicher Hilfengebung ist es auch am Kappzaum, dass die Einwirkung immer feiner und differenzierter wird.

Weiteres Zubehör

Für die Arbeit an der Hand wird außerdem eine Touchierpeitsche benötigt. Sie sollte so lang sein, dass die Hinterhand des Pferdes gut erreicht werden kann. Je nach Größe des Pferdes ist in der Regel eine Länge von 1,60 bis 1,70 m empfehlenswert. Die Gerte sollte gut in der Hand des Ausbilders liegen. Das heißt, sie darf nicht zu schwer sein und der Griff sollte angenehm umfasst werden können. Als Touchierspitze kann eine mit Garn umsponnene oder eine aus Leder genähte verwendet werden. Mit Garnspitzen kann feiner und kitzelnder touchiert werden. Die Lederpatte ist von der Einwirkung stärker und erzeugt deutlichere Touchés. Je nach Temperament und Empfindlichkeit des Pferdes stehen dem Ausbilder außerdem mehr oder weniger stark schwingende Gertenspitzen

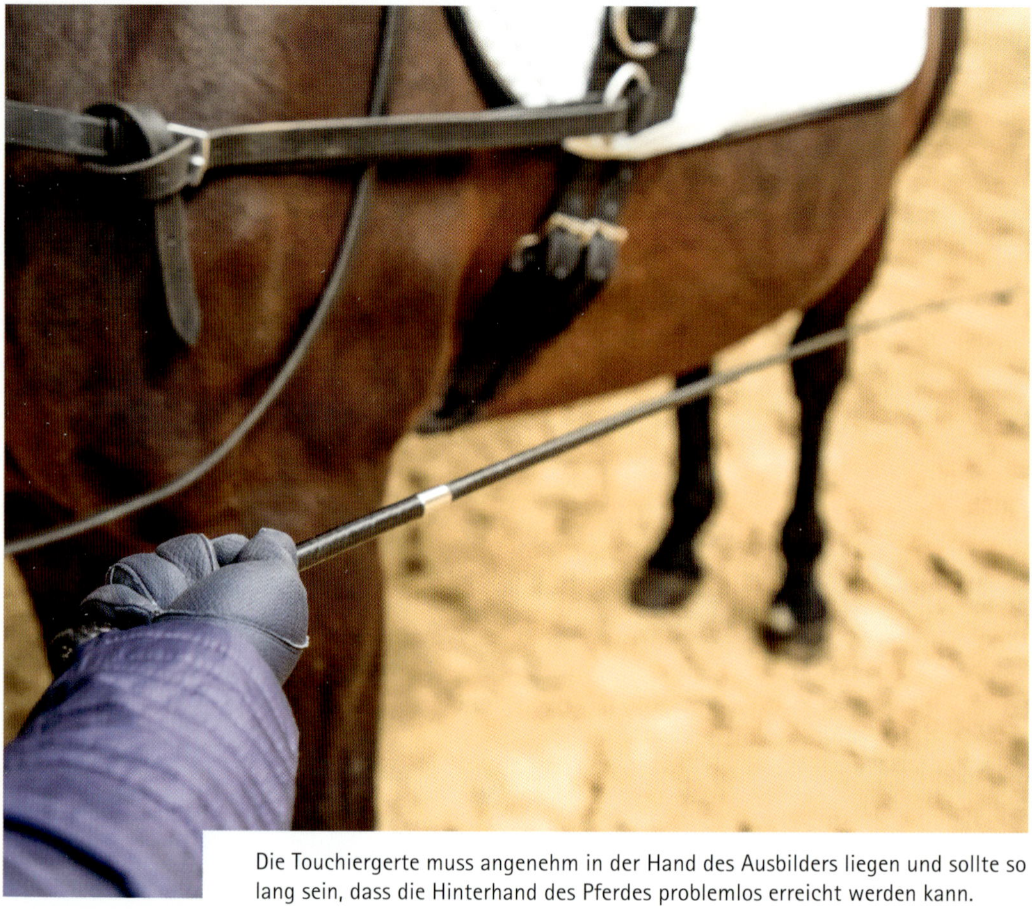

Die Touchiergerte muss angenehm in der Hand des Ausbilders liegen und sollte so lang sein, dass die Hinterhand des Pferdes problemlos erreicht werden kann.

zur Auswahl. Welche Gerte verwendet wird, hängt zum einen vom persönlichen Geschmack des Ausbilders ab und ist zum anderen auch von Temperament und Empfindlichkeit des auszubildenden Pferdes abhängig.

Bogenpeitschen sind für die Arbeit an der Hand ungeeignet. Mit diesen Gerten ist ein feines und zielgenaues Touchieren der Hinterhand nicht möglich.

Die Wahl der Touchierspitze ist abhängig vom Geschmack des Ausbilders und von Temperament und Empfindlichkeit des Pferdes.

Arbeit an der Hand niemals direkt an der Trense

Zur Beantwortung der in der Überschrift getätigten Aussage lässt sich sehr schön das folgende Zitat von Brigadier Kurt Albrecht heranziehen.

»Das Einschnallen von Führzügel und verwendeter Longe in einen Trensenring ist grundsätzlich abzulehnen. Die Nachteile, die damit verbunden sind, sind so gravierend, dass sie in keinem Verhältnis zum Anschaffungspreis der geeigneten Ausrüstung am Kappzaum stehen. Sie brauchen wohl im Einzelnen nicht aufgezählt werden, weil sie schon bei oberflächlichem Nachdenken erkennbar sind. Auch an der Longe sollte ein Pferd nie ohne Kappzaum gehen, weil auch hier die negativen Folgen die gleichen sind.«[18]

Auch Alois Podhajsky äußerte sich ähnlich:

»Der Kappzaum ist deshalb zum Führen so vorteilhaft, weil der Pferdewärter bei auftretenden Schwierigkeiten viel weniger Schaden anrichten kann, als wenn er es mit dem Trensenzügel führt.«[19]

Waldemar Seunig wird in seinem Kapitel zur Longenarbeit noch deutlicher, warum die Longe niemals direkt in die Trense einzuschnallen ist:

»Ein Longieren ohne Zuhilfenahme des Kappzaums bringt Nachteile mit sich. Mag man nun die Leine in einen oder beide Trensenringe oder das Kinnstück einschnallen, immer wird durch die oft nicht zu umgehenden kräftigeren Handhilfen das Maul in Mitleidenschaft gezogen und so keineswegs vorteilhaft für die Führung durch den Reiter vorbereitet.«[20]

[18] *Albrecht, Kurt, Ausbildungshilfen für Pferd und Reiter, S. 82*

[19] *Podhajsky, Alois, Die Klassische Reitkunst, S. 239*

[20] *Seunig, Waldemar, Von der Koppel bis zur Kapriole, S. 99*

Die Arbeit an der Hand erfolgt grundsätzlich am Kappzaum. Der Führzügel ist niemals am Trensenring einzuschnallen.

Ein Anbringen der Kurzlonge am Trensenring führt zu einer nicht zu erstrebenden Einwirkung auf das Pferdemaul. Diese Einwirkung bewirkt immer ein unerwünschtes Abstumpfen des feinen Mauls und eine schiefe Einwirkung auf den Unterkiefer. Auch diese Tatsache wird mit dem folgenden Zitat von Brigadier Kurt Albrecht unterstrichen.

»Wird ... der Führzügel in einen Trensenring eingeschnallt, ist auch dann, wenn der Zügel über das Genick des Pferdes geführt wird, eine einseitige Einwirkung unvermeidlich. Abgesehen von den Schäden auf das Pferdemaul, vermögen hartmaulige Pferde sehr leicht das »Gebiss abzufangen« und die korrigierende Wirkung stark zu drücken.«[21]

Eine Longierbrille würde keinen verbessernden Effekt haben. Die Longierbrille ist zwar an beiden Trensenringen befestigt, eingewirkt wird jedoch seitlich auf den Unterkiefer. Dies hat neben der be-

[21] *Albrecht, Kurt, Ausbildungshilfen für Pferd und Reiter, S. 85*

reits erwähnten unerwünschten Einwirkung auf das feine Pferdemaul einen schiefmachenden Effekt auf den Unterkiefer. Man schiebe selbst nur einmal minimal den eigenen Unterkiefer zur Seite. Der Effekt ist sofort in der eigenen Muskulatur des Kiefergelenkes, bis in die Halswirbelsäule und auch weiter hinab bis zur Brustwirbelsäule zu spüren. Genauso verhält es sich mit dem Pferdekörper. Statt ihn geradezurichten, wird durch diese falsche Verwendung der Ausrüstung der Pferdekörper schiefgezogen. Die Einwirkung über den mittleren Ring des Kappzaums bewirkt immer eine gerade Einwirkung auf den Pferdekörper.

Ausbinder – ja oder nein?

Die Frage nach den Ausbindern spaltet häufig die Reiterwelt. Um die Frage gleich zu Beginn zu beantworten: Ja, für das Erlernen der Piaffe ist es sinnvoll, auszubinden. Die Pferde werden ganz vorsichtig an die Ausbinder gewöhnt. Die Ausbinder sind zu Beginn, wie bereits zuvor erwähnt, ganz lang verschnallt. Mit zunehmender Versammlungsfähigkeit werden die Ausbinder nach und nach auf das gewünschte Maß verkürzt.

Selbstverständlich ist es möglich, Pferde ohne Ausbinder anzupiaffieren. Einige Pferde, vor allem die Pferde mit schlechter Vorgeschichte, können sich zu Beginn durch die Ausbinder bedrängt fühlen. Auch bei diesen Pferden ist es sinnvoll, sie in Ruhe an die Ausbinder zu gewöhnen. Ausbinder dienen niemals dazu, das Pferd in eine Form zu pressen. Sie geben dem Pferd einen von seiner Versammlungsfähigkeit abhängigen Rahmen vor und halten es beim Erlernen der Piaffe gerade. Das Erlernen der Piaffe mit Ausbindern erzeugt in der Regel schönere und geradere Piaffen.

Dieses Kapitel beenden wir mit dem folgenden Zitat von Kurt Albrecht:

»Der Ausbinder hat die Aufgabe eines »Bogenspanners« (Hals-Rückenwirbelsäule-Hanken), die er aber nur erfüllen kann, wenn sich das Pferd daran abzustoßen vermag. Eine Handarbeit mit einem nicht ausgebundenen Pferd ist wertlos. Sie verleitet nur zu Ungehorsam und Widersetzlichkeiten.«[22]

[22] *Albrecht, Kurt, Ausbildungshilfen für Pferd und Reiter, S. 88*

EXKURS:

Ein stark diskutiertes Thema in der Reiterwelt –

Die Notwendigkeit von Ausbindern und Reithalftern

Vor mehr als 15 Jahren bin ich noch aktiv Turniere geritten. Ich war sehr erfolgreich. Das war damals noch mit meinem Isländer. Ich war mit ihm immer platziert und so unglaublich ehrgeizig. Dieses Turnierpferd hat mich allerdings das erste Mal in meinem Leben das Fürchten beim Reiten gelehrt. Mein Leistur begann zu dieser Zeit unkontrolliert durchzugehen. Damals hatte ich noch nicht das Wissen von heute. Ich war Mitte 20, erfolgreich auf Turnieren und dachte: »Ich kann es.« Dann kam dieses Pferd, welches diese Durchgeh-Attacken hatte. Heute weiß ich, dass Leistur vor meinem furchtbaren Ehrgeiz und vor meiner komprimierenden Reitweise davonlief. Ich begann umzudenken. Eine Freundin hatte begonnen, sich mit dem klassischen Reiten zu befassen. Ich ritt eines ihrer Pferde und dachte: »Das möchte ich auch.« Ihre Pferde waren so fein an den Hilfen. Man hatte nichts auf der Hand und Schulter sowie Hinterhand ihres Pferdes ließen sich mühelos verschieben. Ich hörte das erste Mal von Bent Branderup, besuchte als Zuschauer eines seiner Seminare und ich war begeistert von der Harmonie, mit der dort geritten wurde. Mein theoretischer Background wurde immens erweitert. Besonders prägte sich mir zu dieser Zeit der Satz ein: »Was Du an Gewicht auf der Hand hast, das arbeitet die Hinterhand nicht.« Ich machte mich auf den Weg, das klassische Reiten zu lernen. Einige Jahre ritt ich bei einer Schülerin von Bent Branderup. Meine Islandstute Stjarna hatte ich damals ganz neu. Sie war fast sechs und sehr schlecht geritten. Ich ritt sie mit Kappzaum, um ihr wieder Vertrauen zur Reiterhand zu geben.

Diese Phase meines Umdenkens in der Reiterei ging einher mit einem radikalen Schwung in Richtung extremer Harmoniefokussierung. Aus der Hardcore »Ich reite mit viel Druck«-Turnierreiterin wurde »Rosa-Wattebausch-Ich-mache-gar-nichts-mehr-auf dem Pferd«. Ausbinder fand ich verurteilungswürdig. Reithalfter waren in meinen Augen schädlich für das Pferd und

Bei Verwendung eines Longiergurtes ist auf hochwertige Polsterung und ausreichend Wirbelsäulenfreiheit zu achten.

Sperrriemen brauchte man schon mal gar nicht, denn die schnüren IMMER den Pferden die Atmung ab. Ich meinte damals, alles besser zu wissen und die Anderen belächelte ich. Mein Reiten war untertourig und sehr vorsichtig. Wahrscheinlich ist es normal, dass das Pendel, nachdem es in eine Richtung ausgeschlagen hat, in die andere Richtung genauso stark ausschlägt. Irgendwann pendelt es sich dann in der Regel allerdings in einer gesunden Mitte ein. So passierte das auch in den Jahren mit meinem Reiten.

In der Anfangsphase ritt ich komplett ohne Reithalfter. Später fand ich ein englisches Reithalfter akzeptabel. Allen Kunden demontierte ich allerdings konsequent und über Jahre den Pullerriemen. Das hannoversche Reithalfter verurteilte ich konsequent. Auch hier lernte ich mit der Zeit, dass die Welt nicht schwarz und weiß ist. Ich hörte von einer Studie in der beschrieben wurde, dass das Reithalfter einen Teil der Einwirkung des Gebisses auf die Nase umlenkt und damit für das Pferd das Gebiss angenehmer macht. »Ja«, dachte ich, »kein Wunder bei den groben Händen mancher Reiter. Wenn man eine feine Hand hat, benötigt man so etwas nicht.« Dann lernte ich, dass in der Spanischen Hofreitschule in Wien die Pferde grundsätzlich mit hannoverschem Sperrhalfter geritten werden, wenn sie auf Trense gezäumt sind. Die hannoversche Zäumung legt das Gebiss ruhiger in das Maul und dies ist vielen Pferden einfach angenehm. Ein weiterer Punkt, an dem ich begann, nachzudenken. Als nächstes kam eine Kundin von mir vor einigen Jahren mit einem Micklem in die Bahn. Mein erster Ausruf war: »Eva, was hast Du der Drine denn da für eine Zäumung gekauft!« Jeder, der das Micklem schon einmal gesehen hat, kann bestätigen, dass es im ersten Moment aussieht wie ein Maulkorb. Es handelt sich um eine Zäumung, die anatomisch so geformt ist, dass sie konsequent die Nervenbahnen im Gesicht des Pferdes ausspart. Wohlbemerkt hat diese Zäumung auch wiederum ein Reithalfter, welches an die hannoversche Zäumung angelehnt ist. Hochskeptisch beobachtete ich damals, wie die Stute meiner Kundin mit dieser komischen Zäumung lief. Bei Drine handelte es sich um eine extrem empfindliche Knabstrupper-Dame. Meine Schülerin Eva, die mit sehr feiner Hand reitet, hätte nach meiner damaligen Sicht eine solche Zäumung nicht auswählen müssen. Und was geschah? Das Pferd lief wundervoll mit dem Micklem! Ganz offensichtlich empfand Drine es als angenehm, dass das Gebiss durch das hannoversche Reithalfter noch ruhiger positioniert wurde. Und nein, ich glaube nicht, dass dieser Effekt durch die Aussparung der Nervenbahnen kommt. Diesen Effekt beobachtete ich später auch bei Zäumungen mit einem normalen hannoverschen Reithalfter.

Genauso musste ich bei dem Thema Ausbinder umlernen. Ich verurteile Ausbinder noch immer, wenn sie verwendet werden, um das Pferd in eine Silhouette zu pressen, die es kräftemäßig nicht halten kann. Die Anwendung von Schlauf-

Zäumung auf Schenkeltrense mit hannoverschem Reithalfter

zügeln ist für mich tierschutzrelevant. Der Einsatz von einfachen Ausbindern bei der Arbeit an der Hand zur Entwicklung der Piaffe ist jedoch sinnvoll, um das Pferd gerade zu halten und eine sanfte Anlehnung zu bieten. Niemand verschnürt hier das Pferd, das Pferd lernt nur durch dieses Hilfsmittel einfacher. Und glauben sie mir, ich habe die Arbeit an der Hand mit meinem Pardo zu Beginn konsequent OHNE Ausbinder gemacht. Er hat auch diagonale Tritte gelernt, aber schön und gerade wurde die Piaffe dann erst durch dieses Hilfsmittel. Bei der Entwicklung der Levade musste ich erkennen, dass es ohne Ausbinder dann mal gar nicht mehr geht, weil die Anlehnung an den Hilfszügel elementar ist.

Besonders den Kopf schütteln musste ich vor kurzem, als ich auf Facebook einen Kommentar zu Ingrid Klimke las. Für mich ist Ingrid Klimke ein leuchtendes Positivbeispiel für pferdegerechtes und klassisches Reiten. Ihr wurde in besagtem Kommentar die Pro-Pferd-Orientierung abgesprochen, weil sie mit Reithalfter reitet!

Schauen sie sich einfach die Pferde an, ob sie schwingen und fröhlich aussehen. Solche Bilder gibt es in allen Reitweisen. Und die Welt ist niemals schwarz oder weiß. Es gibt so viele Schattierungen. Und wissen sie, was mein junger Lipizzaner Pluto Troja für eine Zäumung trägt? Er hat eine Schenkeltrense mit hannoverschem Reithalfter und er liebt es.

Touchieren

In diesem Kapitel wird beschrieben wie das Pferd an die Touchiergerte gewöhnt wird. Außerdem werden die für die Arbeit an der Hand notwendigen Touchierpunkte erklärt.

Gewöhnung an die Touchiergerte

»Besonders sorgfältige und überlegte Handhabung erfordert die Schulpeitsche. Sie wird vom Lehrer oder einem erfahrenen Mann zur Unterstützung der Schenkelhilfen des Reiters angewandt, um diesem bei jungen Pferden oder bei schwieriger werdenden Übungen zu helfen. Diese Sorgfalt ist notwendig, weil beim Gebrauch der Schulpeitsche die Grenze zwischen Hilfe und Strafe leicht verschwimmt. Niemals darf sich das Pferd vor der Peitsche fürchten, weil sie damit als brauchbare Hilfe ausscheiden würde.«[23]

[23] *Podhajsky, Alois, Die Klassische Reitkunst, S. 53-54*

Dieses Zitat von Alois Podhajsky zeigt deutlich, dass das Pferd als Basisbedingung für die Arbeit an der Hand niemals Angst vor der Touchiergerte haben darf. Bevor mit dem tatsächlichen Touchieren begonnen wird, muss das Pferd an die Berührung mit der Touchiergerte gewöhnt werden. Hierzu steht der Ausbilder in Richtung Hinterhand des Pferdes und berührt seinen vierbeinigen Schüler von der Kruppe beginnend die Hinterhand entlang bis zum Fesselgelenk. Jedes ruhige Stehen ohne Abwehrreaktion ist deutlich zu loben. Die richtige Vorgehensweise wird im Kapitel »Erste Schritte – Vorbereitende Übungen« im Punkt »Abstreichen mit der Gerte beschrieben«.

Touchierpunkte

Touchiert wird in der Regel am Fesselgelenk oder am Röhrbein. Über die Touchierpunkte soll eine vermehrte Beugung in den Hüft- und Kniegelenken erzeugt werden. Dies lässt sich erfahrungsgemäß eher bewirken, wenn an Röhrbein oder Fesselgelenk touchiert wird. Touchiert wird von der Seite oder von hinten. Von vorne wird in der Regel nicht touchiert.

Auch ein Touchieren auf der Kruppe ist möglich. Viele Pferde setzen sich allerdings nicht richtig, wenn auf der Kruppe

Touchierpunkt Röhrbein

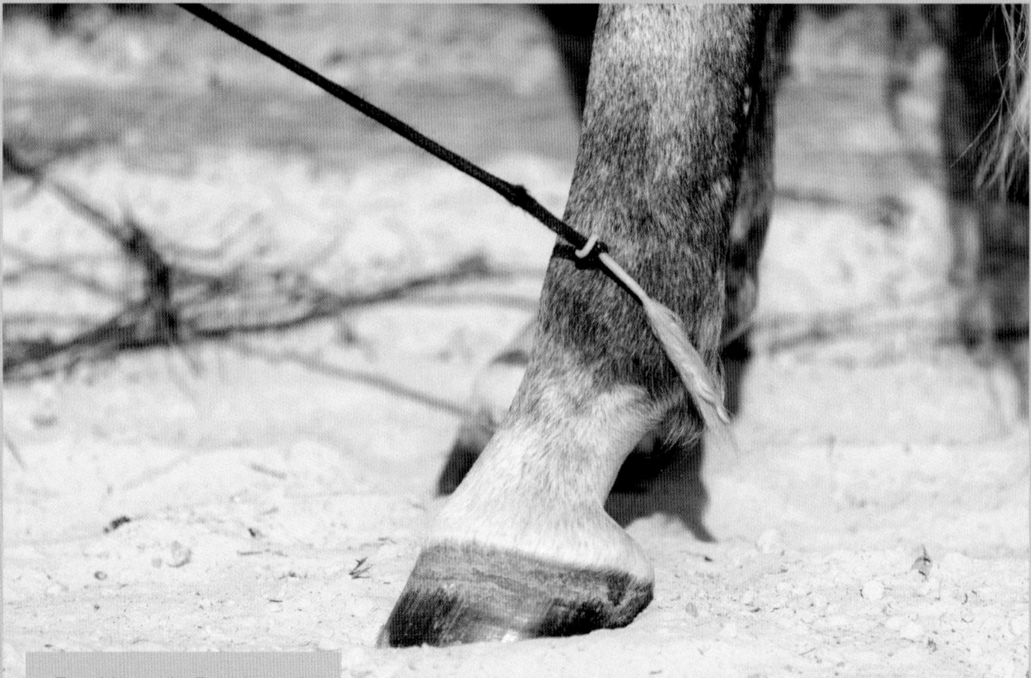

Touchierpunkt Fesselgelenk

Touchierpunkt Kruppe

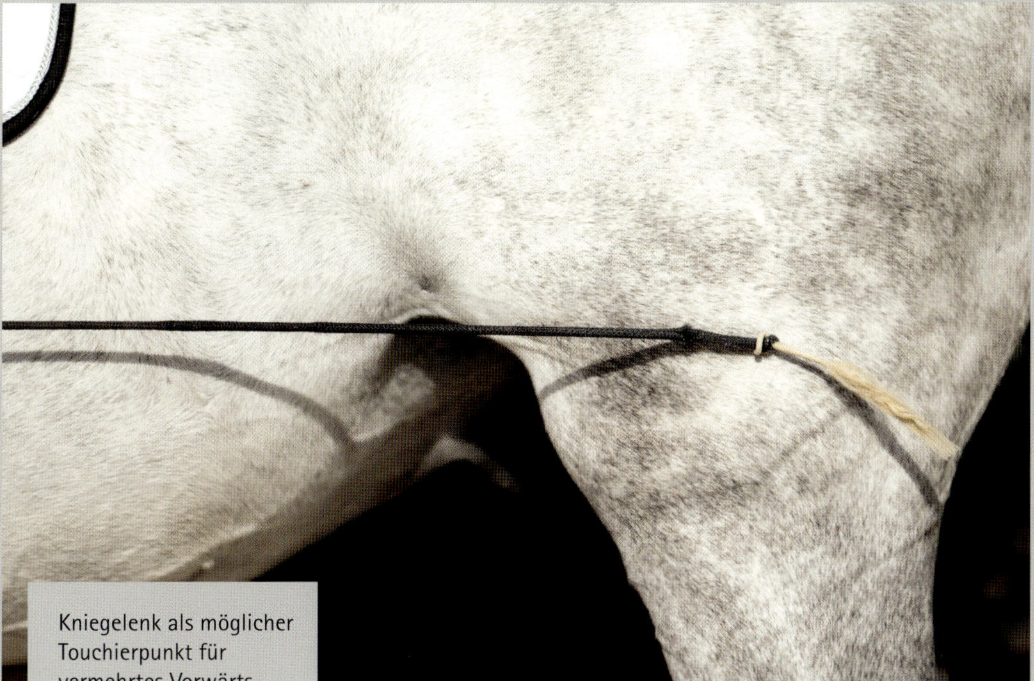

Kniegelenk als möglicher Touchierpunkt für vermehrtes Vorwärts

touchiert wird. Bei diesem Touchierpunkt muss sehr gut darauf geachtet werden, dass keine hüpfenden Piaffen mit hoher Kruppe entstehen. Setzt das Pferd die Hinterhand allerdings zu sehr unter, kann es sinnvoll sein, auf der Kruppe zu touchieren, um diese wieder anzuheben.
Albrecht weist auf die Abstumpfung als eine der großen Gefahren bei der Arbeit an der Hand hin. Ein immer gleichbleibendes Touchieren birgt die Gefahr, dass die Aufmerksamkeit des Pferdes schwindet. Dies bezieht sich sowohl auf das Berühren der immer gleichen Touchierstellen als auch auf ein immer gleiches Einwirken mit der Touchiergerte.[24] Ziel sollte es sein, dass das Pferd auf kleinste Andeutungen, genauso wie beim Reiten, die gewünschte Reaktion zeigt.
Geht das Pferd bei der Arbeit an der Hand nicht ausreichend vorwärts und verhält sich, muss es mit der Touchiergerte vorwärtsgetrieben werden. Hierzu ist es hilfreich einen anderen Punkt zu wählen als die späteren Piaffe-Punkte. Für das Vorwärtstreiben bietet sich zum Beispiel eine Einwirkung in Höhe des Kniegelenks an.
An den Hinterbeinen dürfen die Pferde auf keinen Fall bandagiert sein, da sonst kein feines Touchieren möglich ist.

Stimmhilfe

Die Stimmhilfe kann bei bestimmten Pferden eingesetzt werden, ist jedoch mit Bedacht zu verwenden. Zu vermeiden ist eine Dauerbeschallung des Pferdes. Dies führt lediglich zu einer gelockerten Kiefermuskulatur des Menschen, aber zu einer Abstumpfung des Pferdes. Auf keinen Fall darf es notwendig sein, dass das Pferd durch permanenten Zungenschlag aufgefordert werden muss. Die Signale der Touchierpeitsche sollten immer das überwiegende Kommunikationsmittel sein und es ist eine ruhige Arbeitsatmosphäre anzustreben.

Bei einigen Pferden ist es jedoch sinnvoll, ein belebendes Schnalzen zu verwenden, um die Reaktion der Hinterbeine flinker zu gestalten. Manchmal wirkt dies besser als die Berührung mit der Gerte. Wie bei allen Hilfen soll auch die Stimmhilfe immer mehr minimiert werden und zuletzt ganz wegbleiben. Einigen Pferden hilft auch das Eintakten durch das gleichmäßige Schnalzen des Ausbilders. In diesen Fällen muss der Ausbilder ein gutes Rhythmusgefühl haben, um genau den gewünschten Takt zu erzeugen.

[24] *Albrecht, Kurt, Ausbildungshilfen für Pferd und Reiter, S.84*

Trainingsdauer

Idealerweise erfolgt die Arbeit an der Hand vor der Reiteinheit. Eine Dauer von maximal 10 bis 15 Minuten ist in der Regel vollkommen ausreichend. Das Pferd erlernt so den neuen Bewegungsablauf in kleinteiligen Sequenzen. Der Ausbilder sollte stets bedenken, dass es sich um einen sehr anstrengenden, kraftraubenden und neuen Bewegungsablauf handelt. Dem Pferd wird vermehrte Hankenbeugung abverlangt. Man kann es sich selbst so vorstellen, dass man die Übung »Kniebeugen« macht. Bei dieser Übung haben wir Menschen ebenfalls nach einigen Sequenzen regelrecht wackelige Beine. Genauso geht es auch unserem vierbeinigen Schüler. Eine Überforderung sollte immer vermieden werden. Zwei lange Seiten zu Beginn der Reiteinheit sind ausreichend. In einigen Fällen ist es sinnvoll, die Arbeit an der Hand an das Ende der Reiteinheit zu legen. Ist das Pferd sehr energiegeladen und zu stark vorwärts orientiert, sollte die überschüssige Energie erst unter dem Sattel abgebaut werden. Diese Pferde zu Beginn der Einheit an der Hand zu arbeiten, würde nur Harmoniestörungen hervorrufen, da man den zu starken Vorwärtsdrang durch zu starkes Abparieren unterbinden müsste.

Wie bei jeder Arbeit mit dem Pferd, ist auch bei der Gestaltung der Trainingsdauer, das Gefühl und die Beobachtungsgabe des Ausbilders von großer Bedeutung. Die zuvor erwähnten zwei langen Seiten für die Arbeit an der Hand, können bei einigen Pferden schon eine zu lange Trainingsdauer sein. Sobald das Pferd erste Anzeichen von Ermüdung zeigt, ist die Übung zu beenden.

Training besteht immer aus den Zyklen Belastung, Ermüdung, Erholung und Adaption. Innerhalb der Trainingseinheit wird ein überschwelliger Trainingsreiz gesetzt. Das bedeutet, im Training erfolgt eine Beanspruchung, welche die Intensität einer normalen Alltagssituation überschreitet. Als Folge dieses überschwelligen Trainingsreizes stellt sich der Körper auf ein höheres Funktionsniveau zur Bewältigung der Belastungsvorgabe ein. Der Organismus verarbeitet die Trainingsbelastung immer mit einer Verzögerung von Tagen bis Wochen. Aus diesem Grund ist die Erholung nach dem Trainingsreiz wichtig. Ohne eine Erholung wird das Training verschleißend und es führt nicht zu der gewünschten höheren Leistung.[25]

[25] *Welter-Böller Barbara, Welter Maximilian, Weingand Claudia, Die 50 häufigsten Irrtümer in der Pferdeausbildung, S. 68*

Der überschwellige Trainingsreiz zum Muskelwachstum kann jeden zweiten oder dritten Tag gesetzt werden.

Der Trainingszustand bestimmt, was für das jeweilige Pferd überschwellig ist. So können bei einem untrainierten Pferd bereits zehn Minuten Trab an der Longe ein überschwelliger Reiz sein. Bei einem gut trainierten Distanzpferd sind vielleicht erst mehrere Kilometer Galopparbeit ein überschwelliger Trainingsreiz. Ist es nicht mehr möglich, trotz Training eine Leistungssteigerung beim Pferd zu erreichen, deutet dies auf eine ungenügende Regeneration hin. Wird das Training fortgeführt, ohne die notwendigen Regenerationszeiten anzupassen, verlangsamt sich die Anpassung an den Trainingsreiz. Der Körper setzt sich jetzt mit Ermüdung statt mit Adaption auseinander.[26]

[26] *Welter-Böller Barbara, Welter-Maximilian, Weingand Claudia, Die 50 häufigsten Irrtümer in der Pferdeausbildung, S. 70*

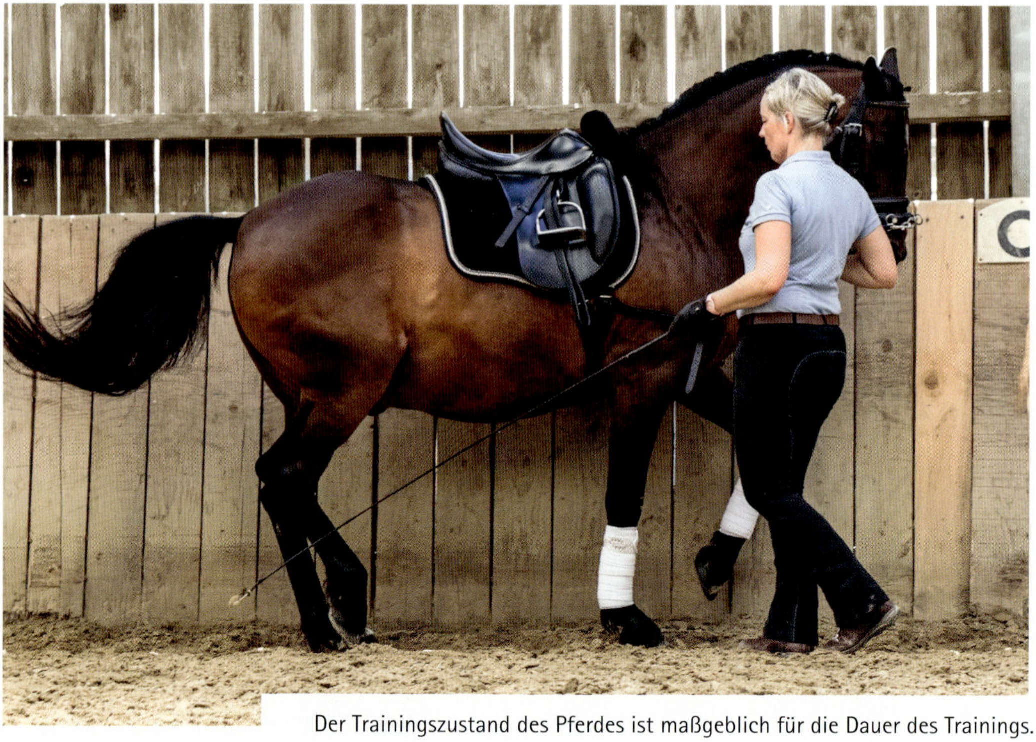

Der Trainingszustand des Pferdes ist maßgeblich für die Dauer des Trainings.

EXKURS:

Vorwärts-Abwärts

Hier sei noch ein kleiner Exkurs zu dem in einigen Szenen der Reiterei so stark diskutierten Vorwärts-Abwärts erlaubt. Selbstverständlich gehört die Dehnungshaltung zur Ausbildung des Pferdes dazu. Jedes gut ausgebildete Pferd muss sich in allen drei Gangarten korrekt dehnen können. Diese Art der Formgebung darf, so wie alles, nur nicht übertrieben oder falsch geritten werden.
Das Thema Dehnungshaltung oder Vorwärts-Abwärts wird in letzter Zeit sehr kontrovers diskutiert. Ich selbst war aber, was dieses Thema betrifft, eine Zeitlang auf einem regelrechten Irrweg.
In der H.Dv. 12 steht hierzu:

»Das Pferd soll lernen, die ohne Reiter gewonnene Haltung wieder zu finden und sich auch unter dem Gewicht des Reiters mit langem Halse und hängender Nase zwanglos zu bewegen. Vermag es diese zwanglose Bewegung beizubehalten, dann lässt es sich los. Die Losgelassenheit ist daran erkennbar, dass das Pferd im Trabe taktmäßig, raumgreifend, ohne zu eilen, vorwärts geht und das Bestreben hat, den Hals mit vorwärts-abwärts gestreckter Nase an die aushaltende Hand heranzudehnen, dass es federnd aus dem Rücken schwingt und den Schweif ohne Spannung natürlich trägt. Losgelassenheit des Pferdes ist die erste Vorbedingung für den Erfolg der gesamten Dressur.«[27]

Aus diesem Satz ergibt sich, dass viele Reiter ihr Pferd zuerst Runde um Runde versuchen, in die Tiefe zu schicken. Genauso habe ich es jahrelang gemacht und auch im Unterricht so weitergegeben. Dann habe ich das Buch »Klassische Reitkunst mit Anja Beran« gelesen und war hochgradig erstaunt. Dort stand frei wiedergegeben, dass zu viel Vorwärts-Abwärts ein Pferd aus der Balance bringt und ein junges Pferd oder auch ein Korrekturpferd sich überhaupt

[27] *H.Dv.12, Die Deutsche Reiterklassik (aus dem Jahr 1937), S. 115*

noch nicht korrekt dehnen kann. Die Muskeln sind zu diesem Zeitpunkt noch zu verkürzt, um dieser Anforderung gerecht zu werden. In diesem Buch stand, dass sich die Dehnungshaltung aus der Versammlung ergibt.[28]

Ich war richtig verwirrt und begann nachzudenken. Es ist logisch, dass ein untrainierter Muskel noch nicht die Dehnfähigkeit hat, um der oben geschriebenen Anforderung aus der H.Dv. 12 gerecht zu werden. Ein Jogger dehnt sich auch erst am Ende seiner Trainingsrunde. Ebenso ist es aus Sicht der Balance eine kolossale Herausforderung mit langem Hals bei gleichbleibendem Takt und schwingendem Rücken durch die Bahn zu traben. Oben genanntes Zitat ist daher so zu verstehen, dass das Vorwärts-Abwärts das Ergebnis der Dressurarbeit ist. In diesem Sinne gelesen ist das Zitat selbstverständlich vollkommen korrekt und immer noch brandaktuell. In der Reitbahn heißt das aber für das junge Pferd oder das Korrekturpferd, dass wir zuerst in Arbeitshaltung reiten. Dem Pferd wird mit beiden Zügeln ein gleichmäßig weicher, feiner Kontakt aus einer absolut ruhig stehenden, nach vorne orientierten Hand angeboten. In dieser Arbeitshaltung arbeite ich das Pferd im gleichmäßigen Tempo nach vorne, bis es Kontakt zu meiner Hand sucht und die Oberlinie lang macht. Anlehnung bringt bei diesen Pferden Ruhe und Sicherheit. Den Zügel wegzuschmeißen oder es zu diesem Zeitpunkt schon in die Tiefe schicken zu wollen, würde unseren vierbeinigen Schüler komplett überfordern!

Sind die unten aufgelisteten Ausbildungsinhalte erreicht, kann die Dehnungshaltung in das Training aufgenommen werden:

- *Das Pferd fängt an, in der Arbeitshaltung zu schwingen.*
- *Die Bewegungen werden weich und fließend.*
- *Der lange Rückenmuskel lässt los.*
- *Der Reiter hat einen konstanten Kontakt an beiden Trensenzügeln.*
- *Das Pferd läuft in einem gleichmäßigen Takt wie ein Uhrwerk.*
- *Das Pferd zeigt kein mangelndes Vorwärts und kein Davonstürmen.*

Mein junger Lipizzaner Pluto Troja zeigte im Alter von 5 Jahren im Schritt und im Trab eine korrekte Dehnungshaltung. Er zog zu diesem Zeitpunkt richtig schön nach vorne an beide Zügel und blieb wie ein Metronom im glei-

[28] Beran, Anja, Klassische Reitkunst mit Anja Beran, S. 193-196

Lipizzaner Pluto Troja in schöner Dehnungshaltung

chen Rhythmus. Im Galopp hätte ich ihn damals noch nie dehnen lassen. Diese Anforderung hätte ihn zu diesem Zeitpunkt komplett gestresst. Die Dehnungshaltung im Galopp war bei ihm ca. ein Jahr später abrufbar. Die Dehnungsbereitschaft frage ich bei Pluto Troja nur ein bis zwei Runden ab und dann hole ich ihn wieder in die versammelnde Arbeit zurück. Genauso mache ich es mit meinem nun bereits 21 Jahre alten Andalusier Pardo. Er kann sich selbstverständlich ebenfalls in allen drei Gangarten korrekt dehnen.

Der Wechsel zwischen den verschiedenen Arten der Formgebung ist ein Prüfstein, ob sie ihr Pferd korrekt ausgebildet haben. Das Pferd sollte aus der höchsten Versammlung in die Dehnungshaltung geschickt werden können. Ist dies nicht mehr möglich, ihr Pferd verbleibt eingerastet in einer Silhouette und mag sich nicht mehr dehnen, ist etwas schiefgelaufen. Genauso falsch ist etwas gelaufen, wenn sie ihrem Pferd den Zügel hingeben und es schießt über Tempo davon. Auch dann sollten sie ein paar Schritte zurückgehen und an diesem Thema arbeiten.

Der Wechsel zwischen Vorwärts-Aufwärts und Vorwärts-Abwärts muss jederzeit möglich sein, ohne dass sich der Takt ihres Pferdes verändert. Wichtig ist lediglich, dass sie das Vorwärts-Abwärts nicht kilometerweise reiten, denn es bringt ihr Pferd tatsächlich auf die Schultern und sie wollen es ja auf die Hinterhand setzen. Wenn sie Dehnungshaltung reiten, achten sie bitte auch darauf, dass ihr Pferd reell nach vorne zieht. Den Kopf irgendwie abwärts zu bringen und irgendwie zu laufen, hat nichts mit korrekter Dehnungshaltung zu tun. Viele Pferde lassen sich in der Dehnungshaltung regelrecht hängen, die Nase zieht nicht nach vorne (Einrolltendenz) und die Hinterhand schleppt. Auch in der Dehnungshaltung brauchen sie einen Zug nach vorne und Kontakt zu beiden Trensenzügeln.

Und noch einmal: Gehen sie nicht in die Bahn mit dem Ziel »Ich reite heute Dehnungshaltung«. Die Dehnungshaltung wird ihnen durch ihre korrekte Arbeit mit dem Pferd geschenkt. Barbara Welter-Böller hat in einem ihrer Artikel zum Thema »Gibt es ein Training, das allen Rassen gerecht wird?« zum viel diskutierten Thema Vorwärts-Abwärts eine ganz wunderbare Aussage getroffen:

»Ich kann mich aus den oben genannten Gründen keiner Reitlehre anschließen, die das Trainieren und das Reiten in der Vorwärts-Abwärts-Haltung ablehnt. Warum soll ich nicht erst einen tragfähigen Rücken in einer für das Skelett zweifelsfrei nicht belastenden und vor allem stabilen Haltung erarbeiten? Man darf nicht mit dem Skelett herumexperimentieren und irreparable Schäden setzen.«[29]

[29] *Welter-Böller Barbara, Welter Maximilian, Weingand Claudia, Die 50 häufigsten Irrtümer in der Pferdeausbildung, S. 70*

Das Loben

Futterlob

Wir Menschen arbeiten für unser Gehalt und für Anerkennung. Unsere Pferde arbeiten für das Lob durch den Ausbilder. Dieses Lob kann mit Stimme oder auch durch Futter erfolgen. Mit Futterlob zu arbeiten ist ein wichtiges Element der klassischen Dressur. Gegner des Futterlobs fürchten ein aufdringliches und unkonzentriertes Pferd und lassen sich so ein hervorragendes Mittel zur Motivation entgehen. Pferde wachsen für das Leckerli oder den Zuckerwürfel regelrecht über sich hinaus. Um ein in die Taschen kriechendes oder nach dem Menschen schnappendes Pferd zu vermeiden, sollten allerdings bestimmte Grundregeln für die Arbeit mit dem Futterlob gelten. Der Ausbilder muss gut darauf achten, dass das Pferd stets einen Individualabstand zum Menschen hält. Wie bei einem Tanzpaar, hat das Pferd seinen Tanzbereich und der Ausbilder hat seinen. Diese Bereiche müssen gewahrt und dürfen vom jeweiligen Partner nicht betreten werden. In der Herde würde das Pferd an ein ranghöheres Mitglied nicht einfach dicht herangehen. Genauso ist es mit dem Menschen. Ohne Einladung, dass das Näherkommen erlaubt ist, darf das Pferd nicht in den Bereich des Ausbilders eindringen. Mit dieser Grundregel ist schon ein Grundstein für die Arbeit mit dem Futterlob gelegt. Das Futter kommt immer zum Pferd. Das Pferd kommt niemals von sich aus zum Futter. Wird an der Hand gefüttert, muss darauf geachtet werden, dass das Pferd parallel zur Bande stehend auf die Belohnung wartet. Ein Zuwenden zum Ausbilder ist bereits ein »Auf-das-Futter-Zukommen« und ist ein Anfang von Distanzlosigkeit.

Einige wenige Pferde können nicht mit Futter gearbeitet werden. Diese Kandidaten, häufig ist das bei Hengsten der Fall, werden so übermotiviert und unruhig in Erwartung des nächsten Leckerlis, dass die Konzentration darunter leidet. Bei solchen Pferden sollte das Futterlob minimiert und nur mit Stimmlob gearbeitet werden. Häufig funktioniert es gut, wenn man nur ab und zu eine Belohnung in Form von Futter gibt. Bei ganz übermotivierten und sehr gierigen Pferden geht es leider nicht und die Belohnung über Leckerlis erfolgt dann nur einmal am Ende der Sequenz. In der übrigen Zeit wird mit deutlichem Stimmlob gearbeitet.

Die oben beschriebenen Fälle, bei denen ein Futterlob nicht möglich ist, sind

Im Handel gibt es Leckerlis in großer Auswahl

allerdings sehr selten. Der Ausbilder sollte sich auf keinen Fall diese so wirkungsvolle Möglichkeit der Motivation entgehen lassen.

Welches Futter verwendet wird, ist eine Sache des persönlichen Geschmacks. In der Spanischen Hofreitschule in Wien werden noch immer Zuckerwürfel verwendet. Diese haben den Vorteil, dass sie vom Pferd leichter und schneller gekaut werden können und das Zaumzeug nicht so stark mit Futterresten verschmutzt wird. Gerade für Pferde, die Schwierigkeiten haben mit der Trense im Maul Futter aufzunehmen, ist der Zuckerwürfel eine gute Möglichkeit, sie daran zu gewöhnen. Ansonsten gibt es im Handel eine große Bandbreite an Belohnungswürfeln. Hier ist es sinnvoll, darauf zu achten, dass die Leckerlis nicht zu groß sind. Gerade bei leichtfuttrigen Rassen kommt sonst schnell

Bei der Arbeit mit Futterlob sind gewisse Grundregeln zu beachten, damit das Pferd stets höflich bleibt und nicht zum Taschenkriecher erzogen wird.

eine ganze Kraftfutterration im Rahmen der Belohnungswürfel zusammen.

Streicheln oder Klopfen?

Es gibt Szenen, in denen das Klopfen des Pferdes regelrecht verpönt wird. Hier wird argumentiert, dass die Pferde das Klopfen nicht als Lob, sondern als Schlagen empfinden würden. Auch bei diesem Thema ist die Welt nicht schwarz oder weiß. Ob der Ausbilder das Pferd sanft streichelt oder das Pferd klopft, sollte vom Gemütszustand des Pferdes abhängen. Erfahrungsgemäß werden leicht erregbare Pferde durch das Klopfen sogar beruhigt. Die Wirksamkeit ist bereits durch verschiedene wissenschaftliche Studien aus der Psychotherapie bestätigt. Bei der Behandlung von Traumapatienten werden sogenannte Klopfmethoden

(Tapping) verwendet, um die Stressreaktion zu reduzieren. Die Wirkung ist auf Grundlage von empirisch überprüfbaren psychologischen und neurophysiologischen Prinzipien zu erklären. Die Verknüpfung zwischen traumatischem Erlebnis und der übermäßigen Erregung wird durch die manuelle Stimulierung abgeschwächt. Durch das Klopfen werden Signale zur Amygdala (im Gehirn Sitz der Gefühlsverarbeitung und -erinnerung) oder anderen Gehirnstrukturen gesendet, die zu einer schnellen Verminderung der Überregung führen. Die beruhigende Wirkung dieser manuellen Stimulierung wurde im Rahmen von wissenschaftlichen Studien mit Hilfe von EEG und Computertomographien bestätigt.[30]

Da die Reizverarbeitung im Tiergehirn analog zum menschlichen Gehirn abläuft, ist dies die Erklärung, warum das Abklopfen bei Pferden mit schlechter Vorgeschichte und Neigung zu leichter Erregbarkeit ein so hervorragendes Mittel zum Loben ist. Die deutliche körperliche Berührung hat bei diesen Pferdetypen einen vergleichbar entspannenden und beruhigenden Effekt wie die in der Psychotherapie angewendeten Klopfmethoden.

[30] *Verhaltenstherapie & psychosoziale Praxis, 50. Jg. (3), S. 680*

Stimmlob

Die Stimme des Ausbilders ist eine wichtige Hilfe im Umgang mit dem Pferd und auch in der Dressurausbildung unverzichtbar. Neben den körpersprachlichen Signalen sind Pferde sehr gut in der Lage, die verschiedenen Stimmvariationen des Ausbilders zu verstehen. Selbstverständlich verstehen sie nicht die einzelnen Wörter im jeweiligen Sinn, können aber sehr gut unterscheiden, ob wir eine Anweisung geben, ein Lob aussprechen oder einfach wohlwollend und liebevoll mit ihnen oder über sie sprechen. Unverständlich und absolut inakzeptabel ist es, wenn Reiter mit anderen Stallkollegen in Anwesenheit des Pferdes schlecht über den eigenen Vierbeiner reden. Natürlich verstehen die Pferde, dass es um etwas Negatives geht. Genauso erkennen sie, wenn wir einer Freundin voller Stolz von den gerade erzielten Lernerfolgen berichten. Der Einsatz von Stimmlob ist neben dem Pausieren und dem Futterlob ein wichtiger Erfolgsfaktor für die Arbeit an der Hand. Das Stimmlob ist innerhalb von Sekunden deutlich schneller verteilt, als jede andere Form des Lobens. Bei Verwendung des Stimmlobs ist es wichtig, dass es auch deutliche und ehrlich gemeinte Begeisterung ausdrückt. Es sollte außerdem eine

Auf das wichtige Stimmlob sollte in keinem Fall im Umgang mit dem Pferd verzichtet werden.

andere Stimmlage haben, als die für Kommandos verwendete Stimme. Es ist sinnvoll, das Loben in einer höheren Tonlage vorzunehmen, während Kommandos in einer tieferen Tonlage gegeben werden. Wenn das Pferd gelobt wird, sollten wir es auch von Herzen so meinen. Nach erfolgtem Lob ist der Ausbilder wieder still. Zu vermeiden ist eine sprachliche Dauerbeschallung des Pferdes. In solchen Fällen wird das so wichtige Stimmlob wertlos für das Pferd.

Richtig aufgebautes Training beeinhaltet regelmäßige Pausen am hingegebenen Zügel

Pausen

Ausreichend viele Pausen sind neben der Stimme und dem Futter eine weitere Form der Belohnung für das Pferd und sind zusätzlich ein entscheidendes Element von korrektem Training. Leider sieht man noch immer Reiter, die ihr Pferd bis zu 45 Minuten ohne Variationen in der Formgebung reiten. In diesen Fällen versucht der Reiter, sein Pferd viel zu lange in Versammlung zu arbeiten

und wundert sich dann, dass die Reiteinheiten immer unharmonischer und schlechter werden.
Ein weit ausgebildetes Pferd kann maximal 15 Minuten mit kontrahierten Muskeln arbeiten. Erfolgt dann keine Pause, also der Wechsel von Muskelanspannung zur Entspannung der Muskulatur, kommt es zu einer Übersäuerung der Muskeln. Man kann sich als Beweis für diese Aussage aufrecht hinstellen und mit einem ausgestreckten Arm eine Flasche Mineralwasser halten. Je nach eigener Fitness wird man merken, dass diese Position irgendwann nicht mehr zu halten ist und eine Pause benötigt wird. Nach der Pause ist man wieder in der Lage, die Wasserflasche wiederum eine Zeit lang zu halten, bis erneut die Ermüdung eintritt. Dem Pferd geht es im Training ganz genauso. Der Ausbilder sollte unbedingt kleinste Anzeichen von Ermüdung wahrnehmen. In solchen Fällen bleibt man noch etwas in der Übung, um einen Muskelaufbau zu bewirken. Um Muskulatur aufzubauen, muss der Trainingsreiz ausreichend lange gesetzt werden und darf auch Anstrengung für das Pferd bedeuten. Ein zu frühes Pausieren würde keinen Trainingseffekt bewirken, da der Reiz nicht ausreichend war (siehe auch Kapitel »Trainingsdauer«).

Wie bereits erwähnt, ist die gute Beobachtungsgabe und das Gefühl des Ausbilders ein ganz entscheidendes Element, um sowohl Unterforderung als auch Überforderung zu vermeiden.
Nach der Arbeit an der Hand wird sich das Pferd nach dem Entfernen der Ausbinder in der Regel in die Dehnungshaltung begeben. Auch Gillian Higgins betont die Wichtigkeit des Dehnens der Muskulatur. Die Dehnung hält die Muskeln geschmeidig und reduziert Steifheiten. Außerdem werden die Muskelfasern verlängert, eine maximale Beweglichkeit wird erzielt. Die Spannung an Gelenken, Sehnen, Muskeln und Bändern wird verringert. Die Dehnung der Muskulatur verbessert auch die Blut- und Lymphzirkulation, was eine Anreicherung von Sauerstoff und Nährstoffen in den Muskeln bewirkt und trägt zum effizienten Abtransport von Toxinen und Abfallstoffen[31] bei (siehe oben – Vermeidung von Übersäuerung der Muskulatur).

[31] *Higgins, Gillian, Anatomie verstehen – Pferde gesundheitsfördernd reiten, S. 50*

6.

Der Ausbilder

In diesem Kapitel wird thematisiert, welche Voraussetzungen und Fähigkeiten der Ausbilder für die Arbeit an der Hand haben sollte. Außerdem werden die für die Arbeit an der Hand notwendigen körpersprachlichen Aspekte und die Bedeutung des Energielevels erklärt.

Voraussetzungen & Fähigkeiten

Welche Fähigkeiten soll nun der Ausbilder für die Arbeit an der Hand besitzen? Zuerst ist zu erwähnen, dass der angehende »Handarbeiter« einem Meister seines Fachs bei der Arbeit zugesehen haben und idealerweise von einem solchen gelernt haben sollte. Besonders in der klassischen Reitkunst lernt man ganz enorm durch das Beobachten von wahren Könnern bei der Arbeit mit den Pferden. Diese Ausbilder haben in ihrem reiterlichen Leben sehr viele Pferde geschult und besitzen ein großes Repertoire an Lösungswegen für ihre vierbeinigen Schüler. Zum einen schult es das eigene innere Bild wie die klassische Arbeit an der Hand zur Entwicklung der Piaffe aussehen sollte. Zum anderen bekommt man über das Zusehen immer weitere Lösungsideen für die Arbeit mit den eigenen Pferden.

Die klassische Arbeit an der Hand ist auf der einen Seite ein Handwerk, welches es zu erlernen gilt. Dazu gehören solche Aspekte wie die korrekte Körperhaltung und die richtige Führung von Kurzlonge und Touchierpeitsche. Auf der anderen Seite benötigt der Ausbilder außerdem ein hervorragendes Rhythmusgefühl und ein gutes Einfühlungsvermögen.

Körpersprache des Ausbilders

Die Körpersprache des Ausbilders ist ein wichtiges Element für eine erfolgreiche Arbeit an der Hand. Unsere Gefühlswelt spiegelt sich immer in unserer Körpersprache. Dies hat auch einen direkten Effekt auf das Pferd neben uns. Die Kommunikation von Pferden untereinander verläuft fast zu 100 % über körpersprachliche Signale. Akustische Signale spielen eine untergeordnete Rolle. So signalisiert ein unsicherer, sich körpersprachlich klein machender Mensch dem Pferd, dass es selbst die Führung übernehmen muss. Einem Menschen mit klarer und dadurch gut lesbarer Körpersprache wird jedes Pferd gerne folgen.

In der Arbeit mit dem Pferd muss der Mensch die Rolle des Ranghöheren einnehmen. In der Herde wird das Pferd aufgrund der körpersprachlichen Signale des anderen Herdenmitglieds entweder hinter ihm zurückbleiben müssen oder sich eventuell auch wegschicken bzw. vorantreiben lassen müssen. Dieses Bewegen des anderen Herdenmitglieds ist ein wichtiges Element in der Kommunikation der Pferde untereinander. Der Ranghöhere bewegt den Rangniederen. Viele Menschen achten im täglichen Umgang gar nicht auf diese feinen Signale ihrer Pferde. So sollte sich das Pferd zum Beispiel, wenn es von der Wiese geholt wird, nicht in den Bereich des Menschen drängeln. Wird es geputzt, sollte es auf feine Signale weichen, wenn wir es in einer anderen Position haben wollen. Der Mensch bewegt das Pferd und nicht umgekehrt. Häufig kann man folgenden Fehler beim Longieren beobachten: Das Pferd soll beim Longieren auf der schlechten Hand nach außen gehen. Es bewegt sich jedoch, statt nach außen zu gehen, direkt auf den Menschen zu. Viele Longenführer machen dann einen Schritt zur Seite und lassen das Pferd vorbei. Dies ist körpersprachlich ein komplett falsches Signal. Auch wenn es dem Pferd schwerfällt, auf der schlechten Seite nach außen zu gehen, muss es auch auf dieser Hand vom Longenführer weggeschickt werden. Das geschieht in diesem Fall mit Hilfe der Peitsche.

Bei der Arbeit an der Hand ist das Pferd bereits von vorneherein näher am Ausbilder. Auch hier gelten die oben

Der Ausbilder richtet sich selbst gut auf und achtet auf einen vorausschauenden Blick.

Der Unterarm ist wie ein Abstandshalter einzusetzen.

Die die Kurzlonge führende Hand ist in Richtung des inneren Maulwinkels des Pferdes ausgerichtet.

Ein nach unten gesenkter Blick und eingesackte Schultern vermitteln Unsicherheit und fehlende Führung.

beschriebenen Grundsätze. Nehmen wir das Beispiel eines Pferdes, welches mit seiner Schulter bei der Arbeit an der Hand einen Schritt auf den Menschen zugeht. Es reicht schon eine Bewegung von wenigen Zentimetern in Richtung des Ausbilders. In der Herde wird der Rangniedere häufig mit der Schulter weggeschoben. Bei der Arbeit an der Hand ist es wichtig darauf zu achten, dass das Pferd nicht in den Bereich des Ausbilders kommt. Man sollte sich in diesen Fällen immer vorstellen, dass Ausbilder und Pferd jeweils eigene Bereiche haben, in denen sie arbeiten dürfen. Hilfreich kann es hier sein, sich an den eigenen Tanzunterricht zu erinnern. Bei dieser Sportart hat auch jeder Partner seinen eigenen Tanzbereich. In der Herde würde das Pferd auf den Ranghöheren niemals ohne Einladung zugehen. So ist es auch bei der Arbeit an der Hand. Das Pferd darf nicht in den Bereich des Ausbilders kommen. Körpersprachlich kommuniziert der Mensch diesen eigenen Bereich durch einen aufrechten Gang mit geöffneten Schultern. Der Kopf ist getragen und der Blick wird nach vorne geschickt. Ein gleichmäßiges Gehen des Ausbilders signalisiert ebenfalls Sicherheit. Dem Führarm kommt eine weitere entscheidende Bedeutung beim Wahren des eigenen Arbeitsbereichs zu. Häufig sieht man, dass Pferde nach innen drängeln und der Mensch dann seinen Führarm zum eigenen Körper zurücknimmt. Der eigene Unterarm ist bei der Arbeit an der Hand wie ein Abstandshalter einzusetzen. Die die Kurzlonge führende Hand ist in Richtung innerer Maulwinkel des Pferdes ausgerichtet.

Das oben bereits erwähnte Nach-vorne-Schicken des eigenen Blicks ist ein wesentliches Element bei der Arbeit an der Hand. Unsichere Menschen schauen gerne nach unten und lassen im gleichen Moment die Schultern einsinken. Der getragene Kopf mit dem schweifenden Blick bewahrt den Menschen zum einen davor, sich körpersprachlich klein zu machen. Zum anderen sorgt der Blick nach vorne für eine saubere Linienführung. Dieses Element ist ebenfalls entscheidend, wenn man sich später für die Arbeit am Langen Zügel interessiert. Hier wird ohne den Blick nach vorne keine Lektion gelingen. Wie im späteren Kapitel zu lesen sein wird, geht der Handarbeiter bei der Arbeit an der Piaffe rückwärts. Aufgrund der oben erwähnten körpersprachlichen Effekte muss das innere Bild des getragenen Kopfes und des schweifenden Blickes auch bei dieser Art der Fortbewegung verinnerlicht bleiben.

Selbstverständlich darf und muss der Ausbilder auch einen Blick auf sein Pferd werfen. Gerade wenn wir mit dem Pferd am Boden arbeiten, können wir durch einen Blick in das Gesicht unseres Pferdes so viele wichtige Informationen über sein Befinden erhalten. Hat es verstanden, worum es geht, oder ist es womöglich ängstlich? Die Hinweise aus dem Gesichtsausdruck unseres Pferdes fehlen uns bei der Arbeit im Sattel und sind ein Geschenk bei der Arbeit an der Hand. Bei der Arbeit an der Piaffe schicken wir unseren Blick selbstverständlich auch in Richtung der Touchierpunkte der Hinterbeine. Der Ausbilder soll sich zwischendurch nur immer wieder selbst an den getragenen Kopf und den schweifenden Blick erinnern, um ein körpersprachliches Kleinmachen und ein »In-sich-Versinken«, welches ganz schnell bei konzentrierter Arbeit passiert, zu verhindern.

Energielevel des Ausbilders

Der eigene Energielevel ist ein weiterer, wichtiger körpersprachlicher Faktor. Der Ausbilder hat seinen eigenen Energielevel auf das zu arbeitende Pferd abzustimmen. Pferden mit wenig Energie

Falsch: zu hohe Körperspannung mit festgestellten Gelenken

Richtig: korrekte Körpersprache mit lockeren Gelenken

sollte man mit einem höheren Energielevel gegenübertreten. Der Mensch muss auf solche Pferde regelrecht Energie übertragen. Dies gelingt durch eine etwas strammere Körpersprache. Wird einem eher phlegmatischen Pferd mit einer zu weichen Körpersprache begegnet, wird sich das Übertragen von Energie schwierig gestalten. Arbeitet der Mensch mit einer strammeren, energieübertragenden Körpersprache, muss gut darauf geachtet werden, dass die Gelenke trotzdem locker und beweglich bleiben. Stramm heißt nie, dass Gelenke festgestellt werden. Auch hier gibt es eine Parallele zum Reitersitz im Sattel. Der Reitersitz ist auch aufrecht, aber kein Gelenk darf jemals festgestellt sein. Genauso ist es bei der Arbeit an der Hand. Aufgeregten Pferden mit zu viel Energie wird körpersprachlich mit einem weicheren Muskeltonus begegnet. Der Körper des Ausbilders muss zwar aufgerichtet und groß sein, die Bewegungen sind aber weich und fließend. Pferde mit zu viel Spannung können durch eine weichere Körpersprache sofort beruhigt werden. Der eigene Energielevel ist ein ganz entscheidender Faktor. Alle Pferde lassen sich davon beeinflussen.

7.

Erste Schritte – Vorbereitende Übungen

Bevor es an die eigentliche Arbeit an der Piaffe geht, sollte das Pferd mit einigen Basisübungen vertraut sein. Die notwendigen Vorübungen werden im Folgenden beschrieben.

Grundsätzliche Bahnregeln für die Arbeit an der Hand

Leider muss man feststellen, dass der an der Hand arbeitende Reiter in modernen Reitanlagen häufig auf Skepsis und Unkenntnis trifft. Die Arbeit an der Hand erfreut sich zwar immer größerer Beliebtheit, ist aber auf einigen Höfen noch gänzlich unbekannt. Wie die Arbeit an der Hand gemäß der klassischen Bahnregeln eingeordnet wird, ist vielerorts in Vergessenheit geraten.
Grundsätzlich gilt, dass die Arbeit an der Hand immer Vorfahrt vor den Reitern hat und auf dem ersten Hufschlag bleibt. Auch im Trab oder Galopp arbeitende Reiter weichen dem an der Hand arbeitenden Menschen grundsätzlich aus. Als kleiner Exkurs sei noch erwähnt, dass dies auch für die Arbeit am Langen Zügel gilt. Auch diese Form der Arbeit hat immer Vorfahrt vor den Reitern. Begegnen sich zwei Handarbeiter, hat, wie bei den üblichen Bahnregeln, der auf der linken Hand gehende den Vorrang.
Diese Regelung hat als Grundgedanken das Prinzip der Rücksichtnahme. Der Mensch am Boden befindet sich in einer

verletzlicheren Lage als der auf dem Pferd sitzende Reiter. Es sollte daher eine Selbstverständlichkeit sein, dass der Reiter ausweicht.

Nachzulesen sind diese alten klassischen Bahnregeln übrigens auch in Alois Podhajskys »Die Klassische Reitkunst«.[32]

Abstreichen mit der Gerte

Wie bereits zuvor erwähnt, darf das Pferd niemals die Touchiergerte fürchten. Alle nachfolgenden Übungen basieren darauf, dass unser vierbeiniger Schüler ein Grundvertrauen in diesen Ausrüstungsgegenstand hat.
Die Touchiergerte wird bei der Arbeit an der Hand so geführt, dass sie stets in Richtung Hinterhand zeigt. An diesem Körperteil des Pferdes wird sie zur Einwirkung benötigt. Zeigt die Touchierspitze nicht permanent in Richtung Hinterhand und der Ausbilder muss einwirken, verschwendet er bei notwendiger Korrektur der Ausrichtung bei anders getragener Gerte wertvolle Zeit. Auf dem unten zu sehenden Foto ist dargestellt, wie die Gerte zu tragen ist. Die Hand des Ausbilders zeigt mit der Handinnenfläche nach oben und nimmt die Gerte so auf, dass Ellenbogen, Unterarm und Handgelenk eine Linie mit der Gerte bilden. Die Finger sind sanft und ohne jegliche Verkrampfung um den Gertengriff geschlossen. Alle Gelenke des Arms (Schulter, Ellenbogen, Handgelenk, Fingergelenke) müssen locker sein. Etwaige Verspannungen übertragen sich genauso wie beim Reiten umgehend auf das Pferd.
Das Pferd wird für das Abstreichen mit der Gerte zu Beginn an der Bande ruhig durchpariert zum Halt und mit der Touchiergerte von der Kruppe abwärts abgestrichen. Ziel dieser Übung ist es, dass keinerlei Abwehrreaktionen gegen die Touchiergerte erfolgen. Jedes brave Stehenbleiben wird überschwänglich gelobt. Sollte das Pferd seitliche Ausweichbewegungen zeigen, wird es umgehend mit der angelegten Touchierpeitsche wieder so korrigiert, dass es mit Vor- und Hinterhand auf dem ersten Hufschlag steht. Ausweichen nach hinten wird ebenfalls durch Vortreiben korrigiert. Handelt es sich um ein ängstliches Pferd, welches möglicherweise bereits schlechte Erfahrungen mit der Touchiergerte hatte, ist diese Übung in kleinen Schritten so lange fortzuführen, bis ein ruhiges Abstreichen ohne Angst und Stress möglich ist.

[32] *Podhajsky, Alois, Die Klassische Reitkunst, S. 244-246*

Die Gerte zeigt stets in Richtung Hinterhand des Pferdes.

Ellenbogen, Handgelenk und Touchiergerte bilden eine Linie.

Die Handfläche zeigt nach oben. Die Finger umschließen ohne Verkrampfung den Gertengriff.

Das Pferd wird zur Gewöhnung an die Touchiergerte von der Kruppe abwärts abgestrichen. Das ruhige, gerade und entspannte Stehenbleiben ist Zielsetzung der Übung.

Das Pferd lernt, immer auf der Höhe des Ausbilders zu bleiben.

Hier überholt der Ausbilder das Pferd. Das Pferd muss vermehrt nach vorne getrieben werden.

Das Pferd überholt den Ausbilder und ist abzuparieren.

Schritt führen & Abparieren

Die erste Übung ist das Führen. Das Pferd soll lernen, dass es immer auf der Höhe des Ausbilders zu bleiben hat. Auch das korrekte Führen muss dem Pferd vermittelt werden. Es gibt häufig Pferde, die unter dem Sattel bereits weit gefördert sind, jedoch niemals eine ordentliche Grunderziehung am Boden genossen haben.

Das korrekte Führen beginnt bereits im täglichen Umgang, wenn wir das Pferd mit dem Halfter zum Anbindeplatz führen. Hier sollte es selbstverständlich sein, dass es nicht den Menschen überholt und nach vorne stürmt und sich auch nicht hinter dem Menschen hinterherziehen lässt. Diese Grundübungen können am Halfter durchgeführt werden. Empfehlenswert ist hier ebenfalls die sofortige Verwendung des Kappzaums, da man deutlich feiner einwirken kann. Für die Führübungen ist das Anbringen der Ausbinder noch nicht zwingend notwendig. Sie können allerdings zu diesem Zeitpunkt schon in längster Verschnallung an Sattel oder Longiergurt angebracht werden, um das Pferd an diesen Ausrüstungsgegenstand zu gewöhnen. In der Regel haben die Pferde keine Probleme mit den Ausbindern. Korrekturpferde mit schlechten Vorerfahrungen fühlen sich manchmal eingeengt. In diesen Fällen ist es sinnvoll, die Führübungen zuerst ohne Ausbinder durchzuführen und ihn zu einem späteren Zeitpunkt hinzuzunehmen. Wie bei allen Schritten in der Pferdeausbildung ist immer so vorzugehen, dass der vierbeinige Schüler niemals gestresst wird. Die Ausbildung ist so kleinschrittig aufzubauen, dass stets die Harmonie zwischen Pferd und Ausbilder gewahrt bleibt. Grundsätzlich werden die Ausbinder zu Beginn in der längstmöglichen Verschnallung angebracht.

Wenn es nun an das Schrittführen geht, hat der Ausbilder darauf zu achten, dass er über seine eigene Gehtechnik ein ruhiges und gleichmäßiges Tempo vorgibt. Dies bedeutet, dass der Mensch gleich lange und im Bewegungsfluss gleichmäßige Schritte neben dem Pferd macht und sich nicht durch Unregelmäßigkeiten des Pferdes durcheinanderbringen lässt. Das Pferd lernt, immer auf der Höhe des Ausbilders zu bleiben. Ein Sich-Verhalten, also ein nicht gleichmäßiges Mitschreiten des Pferdes auf Höhe des Ausbilders, muss durch Nachtreiben korrigiert werden. Bleiben die Pferde hinter dem Tempo des Ausbilders zurück, wird mit der Touchierpeitsche nachgetrieben. Um die späteren Touchierpunkte für die Arbeit an der Piaffe klar zu den

Zu den Führübungen gehört auch die Ganze Parade. Das Pferd steht ruhig am Hufschlag und ließ sich auf feinste Hilfen parieren.

vortreibenden Hilfen abzugrenzen, sollte für das Nach-Vorne-Treiben immer auf Höhe des Kniegelenks touchiert werden. Reagiert das Pferd deutlich auf die vortreibende Hilfe ist ein Stimmlob einzusetzen. Der gleichmäßige Zug nach vorne ist wie bei allen Dressurlektionen auch bei der Arbeit an der Hand das A und O. Hat das Pferd ein höheres Tempo als der Ausbilder, muss es abpariert werden. Will es den Menschen überholen, erfolgt sofort eine Parade am Kappzaum. Das Erlernen des Abparierens ist eine wichtige Grundbedingung für eine erfolgreiche Arbeit an der Hand. Das Pferd muss verstehen, dass auf einen Impuls am Kappzaum eine sofortige Reaktion in Form einer Verminderung des Vorwärts zu erfolgen hat.

Angestrebt wird ein Pferd, das auf möglichst feine, unsichtbare Paraden reagiert. Wie bei allen Hilfen, sollte die Hilfe jedoch deutlicher erfolgen, sobald das Pferd auf eine flüsternde, leise Einwirkung nicht die gewünschte Reaktion zeigt. Nur bei dieser Vorgehensweise wird die Hilfengebung fein bleiben. Das Pferd lernt, dass immer eine prompte Reaktion auf die Einwirkung des Menschen zu erfolgen hat.

Funktioniert das ruhige Vorwärtsgehen und das Parieren zur Reduzierung des Tempos, wird auch das Anhalten (Ganze Parade) geübt. Der Parade geht immer ein Einatmen des Ausbilders voraus. Während des Parierens zum Halt wird ausgeatmet. Durch diese feine Atemtechnik, die auch beim Reiten angewendet wird, weiß das Pferd sofort, dass eine Parade folgt. Das Einatmen ist für das Pferd bei dieser Vorgehensweise das Signal »Achtung, gleich kommt eine Parade«.

Ziel dieser Übungen ist es, ein gleichmäßig mitgehendes Pferd auszubilden, das auf feinste Paraden an der Kurzlonge prompt das Tempo vermindert bzw. zum Halt durchpariert. Beim Vorwärtsgehen darf die Kurzlonge am Kappzaum niemals auf Dauerspannung sein. Genauso wie beim Reiten soll eine leichte und feine Verbindung zur Hand des Menschen bestehen. Pferde, die mit Druck von mehreren Kilogramm im Kappzaum hängen, sind nicht das Ziel der Ausbildung. In Gewicht beschrieben, darf das Pferd maximal das Gewicht einer Tüte Backpulver in die Führhand oder auch Reiterhand bringen. Eine Tüte Backpulver hat ein Gewicht von zwei Gramm. So federleicht und fein sollte auch die Verbindung zum Kappzaum sein.

Für die Arbeit an der Hand zur Entwicklung der Piaffe geht der Ausbilder immer rückwärts. Gelingen die oben beschriebenen Übungen, wiederholt der

Gelingen die Übungen im Vorwärts, übt der Ausbilder rückwärts zu gehen.

Ausbilder sie während er rückwärts neben dem Pferd hergeht. Das Einhalten der korrekten Linienführung erfordert hierbei etwas mehr Geschick vom Ausbilder, da das richtungsgebende Vorausschauen nun fehlt.

Beherrscht das Pferd die oben beschriebenen Grundübungen, ist es auch im täglichen Umgang ein Genuss. Jeder im Reitstall arbeitende Mensch kann dies bestätigen. Mit diesen Übungen erhalten wir ein Pferd, das sich auch am Halfter auf feinste Signale zur Wiese führen lässt und seinen Menschen neben sich stets im Blick behält.

Tempounterschiede im Schritt

Hat der vierbeinige Schüler das Schrittführen und das Abparieren verstanden, stehen als nächster Lernschritt Tempounterschiede im Schritt auf dem Programm. Für diese Übung ist es sinnvoll, dass der Ausbilder seine rückwärtslaufende Position aufgibt und sich umdreht. Der Ausbilder wird nun das Pferd in Richtung Mittelschritt führen und somit deutlicher das Vorwärts betonen. Er selbst macht hierbei große weite Schritte aus der Hüfte.

Der Mittelschritt ist für das junge Pferd und für das Korrekturpferd das Basistempo, welches es zuerst zu erarbeiten gilt. Der Mittelschritt ist das Fundament für jede weiterführende Arbeit. Lässt sich ein Pferd im Schritt nicht vorwärts schicken, darf noch nicht im versammelten Schritt gearbeitet werden. Die Wichtigkeit des

Raumgreifender Mittelschritt muss auch an der Hand abrufbar sein.

fleißigen Schritts betont auch Alois Podhajsky in seinem Buch »Die Klassische Reitkunst«:

»... Nicht oft genug kann betont werden, wie wichtig es ist, schon junge Pferde zu einem flotten Schritt zu erziehen und keinen faulen oder schläfrigen Schritt zu dulden, selbst wenn er nur geritten wird, um sie verschnaufen zu lassen.«[33]

Aus dem Mittelschritt an der Hand geht der Ausbilder nun wieder in ein ruhiges, versammeltes Tempo. Auch der Ausbilder macht für den versammelten Schritt, selbst Schritte mit kürzerer Weite. Das Pferd passt sich sofort diesen körpersprachlichen Signalen an und macht dadurch größere, weitere Schritte bzw. kürzere versammeltere Schritte.
Diese Tempounterschiede müssen spielerisch gelingen. Das Pferd sollte dem Menschen sofort folgen bzw. das Tempo zurücknehmen, wenn der Ausbilder ein ruhiges, langsames Tempo vorgibt. Diese Übung erfordert für das Pferd bereits ein erstes Wechselspiel zwischen Schub- und Tragkraft. Das vermehrte Betonen des Vorwärts im Mittelschritt erfordert ein stärkeres Schieben der Hinterhand. Hier ist die Schubkraft gefordert. Der Übergang zum versammelten Schritt erfordert bereits Hankenbeugung, also ein vermehrtes Schulen der Tragkraft. Für die Dressurarbeit benötigen wir die Schub- und die Tragkraft. Gustav Steinbrecht weist in seinem »Gymnasium des Pferdes« darauf hin, dass das Pferd vollkommen ausgebildet ist, wenn beide in der Hinterhand ruhenden Kräfte, die »Schub- und die Tragkraft« bis zur Vollkommenheit ausgebildet sind. Durch die vollkommende Ausbildung der Schub- und der Tragkraft ist der Reiter in der Lage, den Schwerpunkt seines Pferdes beliebig in Richtung Schultern (Schubkraft) und wieder zurück in Richtung Hanken (Tragkraft) zu verschieben.[34]
Gerade für Korrekturpferde, denen das energische Vorwärtsgehen und Nutzen ihrer Hinterhand aus verschiedensten Gründen schwerfällt, ist diese beschriebene Übung bereits eine große Herausforderung. Die Hinterhand muss bei dieser Übung wahlweise mehr schieben oder mehr tragen.

[33] *Podhajsky, Alois, Die Klassische Reitkunst, S. 84*

[34] *Steinbrecht, Gustav, Das Gymnasium des Pferdes, S. 62-63*

Jedes feine und prompte Reagieren auf das vermehrte Vorwärts und jedes schöne Umsetzen auf das angeforderte Zurückführen des Tempos sollte immer überschwänglich gelobt werden. Auch hier ist das Pferd bei den ebenfalls durchgeführten Ganzen Paraden zum Halt deutlich mit Stimme und Futter zu bestätigen. Wie in allen Gangarten müssen stets Variationen im Vorwärts abrufbar sein. Diese Übergänge in der Gangart Schritt haben schon einen versammelnden Effekt, da das Pferd im Moment des Abparierens zum versammelten Schritt die Hanken bereits mehr beugen muss. Genauso wie beim Reiten darf das Pferd im Moment des Parierens keinen Druck in die Hand bringen. Ein Abstützen am Kappzaum deutet auf fehlende Versammlung und somit fehlende Hankenbeugung hin. Ein versammlungsfähiges Pferd lässt sich mit feinen Hilfen parieren.

Übertreten – Vorbereitung Seitengänge

Die Notwendigkeit und der ideale Zeitpunkt der Schulung der Seitengänge wurde bereits im Kapitel »Bedeutung der Seitengänge & Geraderichtung« beschrieben. An der Hand kann dem jungen Pferd oder dem Korrekturpferd sehr gut, ohne das Gewicht des Reiters, die Grundidee einer Seitwärtsbewegung der Hinterbeine vermittelt werden.

Idealerweise wird diese Übung zu Beginn in Form des Schenkelweichens mit der Vorhand in Richtung Bande ausgeführt. Diese Position des Pferdes nutzt den bremsenden Effekt der Bande und verhindert so, dass zu Beginn zu starke Paraden am Kappzaum notwendig sind. Der Ausbilder arbeitet hierzu mit dem Pferd auf dem ersten Hufschlag. Am Ende der langen Seite führt er eine Kehrtvolte. Hat das Pferd mit der Vorhand den ersten Hufschlag erreicht, wird der bremsende Effekt der Bande genutzt und die Hinterhand seitwärts geschickt. Die Gerte ist korrekt auf das innere Hinterbein auszurichten und der Ausbilder achtet auf den Erhalt des Bewegungsflusses. Viele Pferde versuchen stehen zu bleiben, da ihnen die Aufgabe unbekannt ist. Im langsamen ruhigen Schritt geht der Ausbilder dann weiter und berührt bei Bedarf vorsichtig die Hinterhand.

Zu Beginn ist es sinnvoll, in Höhe des Fesselkopfes zu touchieren. Das innere Bild des Ausbilders muss das Erzeugen einer seitwärtsfußenden Hinterhand sein. Je nachdem, wo das Pferd Hilfe im

Bewegungsablauf benötigt, kann es notwendig sein, etwas höher in Richtung Sprunggelenk zu touchieren. Besonders steife Pferde, die nicht gut im Sprunggelenk winkeln, profitieren häufig von einer Berührung kurz unterhalb des Sprunggelenks. Pferden mit über den Sand schleppenden Hinterbeinen, dies kann bei besonders verspannten Korrekturpferden der Fall sein, hilft man durch Touchieren am Fesselkopf. Angestrebt wird ein deutlicheres Abfußen der Hinterhufe. Ziel ist stets die Vermittlung des neuen, richtigen Bewegungsablaufes.

Maßgeblich für den Touchierpunkt sind die individuellen Beobachtungen des Ausbilders, in welchem Gelenk das Pferd gerade Unterstützung benötigt. Zähe Pferde werden grundsätzlich mit mehr Energie touchiert und übermotivierte vorsichtiger. Bei besonders sensiblen Pferden reicht in der Regel schon ein Zeigen mit der Gertenspitze oder nur ein feines, flüsterndes Berühren.

Der Ausbilder darf nie unterschätzen, wie herausfordernd diese vermeintlich simple Seitwärtsbewegung der Hinterbeine für einige Pferde ist. Bei Pferden gibt es genau wie bei uns Menschen Kandidaten, die regelrecht talentiert im Erlernen von neuen Bewegungsmustern sind. Andere Pferde benötigen etwas länger, bis die neue Aufgabe verstanden ist. Unnötiger Druck und Ungeduld sind, wie überall in der Pferdeausbildung, auch hier fehl am Platz.

Bei allen Seitwärtsbewegungen ist stets sicherzustellen, dass die Vorhand des Pferdes vorausgeht. Der Ausbilder muss darauf achten, dass er sich selbst fließend bewegt. Eventuelle Unterbrechungen im Bewegungsablauf des Pferdes dürfen nicht in die Körpersprache des Ausbilders aufgenommen werden. Will das Pferd stehen bleiben, geht der Ausbilder einfach weiter. Einige Pferde versuchen durch ein Zurückbleiben der Vorhand, also einer zu starken Abstellung, der neuen Übung zu entgehen. Auch hier ist der Erhalt des Bewegungsflusses entscheidend. Es ist außerdem wichtig, dass sich der Ausbilder einen Zielpunkt am Ende der langen Seite sucht und dort auch konsequent hinschaut. Ist das Pferd plötzlich vor dem eigenen Sichtfeld, weiß man, dass man seinen eigenen »Tanzbereich« nicht ausreichend gewahrt hat. Der führende Arm kann bei diesen drängelnden Pferden gleich einem Abstandshalter genutzt werden. Will das Pferd mit der Vorhand zurückbleiben, schickt man die Vorhand durch einen stabilen Führarm weiter. Viele Menschen ziehen häufig reflexartig den Führarm ein, was dem Pferd den Weg für eine schleppende Vorhand frei macht. Ein stabiler, aber nicht verkrampfter, in Richtung

Seitwärtsbewegungen können hervorragend zuerst gewichtslos geschult werden.

Kappzaum gerichteter Führarm verhindert die zurückbleibende Vorhand. Ein zu eilig werdendes Pferd ist umgehend abzuparieren und durch eine ruhige Ausstrahlung zu bremsen.

Als Ausbilder sollte stets berücksichtigt werden, dass Seitwärtsbewegungen bei korrekter Ausführung die Vorhand heben und die Muskulatur in diesem Bereich mobilisieren. Für Pferde mit sehr verspannter Schultermuskulatur ist diese Übung extrem anstrengend bis schmerzhaft. Eine stark verkürzte Muskulatur zu dehnen, erzeugt einen Dehnungsschmerz. Die Übungen sollten daher immer mit der notwendigen Rücksicht und ausreichend Pausen durchgeführt werden.

Gelingt die Übung in der oben beschriebenen Weise, kann das Pferd mehr und mehr in Richtung Konterschulterherein (inklusive Stellung) gearbeitet werden. Wenn dies ebenfalls ohne Harmoniestörungen gelingt, wird Schulterherein geführt. Als weitere Übung kann auch Schulterherein auf dem Zirkel geübt werden. Hier ist der lösende Effekt noch erheblicher, da die Hinterhand einen größeren Radius als die Vorhand beschreibt und noch mehr Zug auf die äußere Oberlinie kommt.

Auch der Trab kann an der Hand abgefragt werden.

Schritt-Trab-Schritt-Übergänge

Bei einigen Pferden ist es sinnvoll, Schritt-Trab-Übergänge vor dem Anpiaffieren in das Repertoire aufzunehmen. Kandidaten, die aufgrund ihres fehlenden Temperaments oder durch vorhandene Verspannungen in Rücken und Hinterhand nicht so flink im Abfußen der Hinterbeine sind, verhilft diese Basisübung zu mehr Mobilität und schnelleren Reaktionen.

Das Pferd wird hierzu in der bekannten Art und Weise im Schritt geführt. Für das erste Antraben darf der Ausbilder selbst ein wenig »antraben« und seine Aktion mit einem Stimmkommando begleiten. Hilft dies nicht, wird zusätzlich die Gerte eingesetzt. Jede Reaktion wird überschwänglich gelobt. Ist das Pferd besonders verspannt, ist die flinke Reaktion und das für seine Verhältnisse schon versammelte Traben eine nicht zu unterschätzende Herausforderung. Je verspannter der Rücken und je steifer die Hinterhand, desto schwerer ist diese Übung für das Pferd. Statt ruhig loszutraben, versuchen sich diese Pferde über das Tempo zu retten und stürmen los. Diese Ansätze sind sofort durch Paraden am Kappzaum zu unterbinden. Ist ein ruhiges Traben nicht möglich, wird sofort wieder zum Schritt durchpariert und gelobt. Angestrebt wird, dass der Ausbilder mit großen, weiten Schritten neben dem trabenden Pferd hergehen kann, ohne selbst schneller laufen zu müssen. Erste Ansätze werden noch unterstützt, in dem der Ausbilder selbst schneller mitläuft. Das Ziel ist bei dieser Übung jedoch der ruhige und versammelte Trab. Mit steigender Kraft und vermehrter Dehnfähigkeit der notwendigen Muskulatur wird das Pferd diese Übung bewältigen können. Es ist stets darauf zu achten, dass die Losgelassenheit immer bestehen bleibt. Steife Korrekturpferde werden durch diese Übung mobiler und feiner in ihren Reaktionen. Dies ist für das spätere Touchieren in Richtung Piaffe eine wichtige Voraussetzung.

Hinterbeine anheben

Genauso wie die zuvor beschriebenen »Schritt-Trab-Übergänge« kann auch die folgende Übung bei einigen Pferden notwendig sein, bevor mit der eigentlichen Arbeit an der Hand begonnen wird. Bei dieser Basisaufgabe werden die Hinterbeine einzeln im Stand touchiert und das Pferd aufgefordert, sie anzuheben. In der Regel heben Pferde, für die diese Übung sinnvoll ist, das Hinterbein nur verzögert und zu langsam an, weil Rücken und Hinterhand noch zu verspannt sind.

Für dieses Training steht der Ausbilder mit dem Blick in Richtung Hinterhand. Das innere Hinterbein wird in Höhe des Fesselkopfs mit der Touchierspitze gekitzelt. Angestrebt wird ein flinkes und sekundenschnelles Anheben des inneren Hinterbeins als Reaktion auf die Berührung. Erfolgt diese Reaktion noch nicht, muss so lange weiter touchiert werden, bis das Pferd eine minimale Reaktion zeigt. Wie bei der Schulung des Vorwärts, darf die Einwirkung mit der Gerte auch bei dieser Übung erst dann beendet werden, wenn eine Reaktion des Pferdes ausgelöst werden konnte. Vom anfänglichen Kitzeln mit der Gertenspitze wird die Anfrage mit der Touchierspitze so lange gesteigert und vor allem aufrechterhalten, bis eine Reaktion des vierbeinigen Schülers erfolgt. Bei einigen Pferden kann es passieren, dass sie zu Beginn gar keine Reaktion zeigen. Ganz falsch wäre es hier, wenn der Ausbilder die Anfrage durch die Touchiergerte unterbrechen würde. In solchen Fällen geht es darum, das Pferd zu motivieren und zur aktiven Mitarbeit zu bewegen. Das Abwarten ohne das Zeigen jeglicher Reaktion ist bei vielen Pferden zu sehen, die entweder stark verspannt sind oder zuvor in einer Art und Weise gearbeitet wurden, in der sie als Vierbeiner nicht mitdenken durften. Bei diesen Pferden muss so lange eine Anfrage erfolgen, bis selbst ein minimales Zucken in dem touchierten Hinterbein erfolgt. In diesem Moment wird sofort die Anfrage unterbrochen und überschwänglich mit Stimme und Futter gelobt.

Bei diesen Kandidaten gilt es, nach und nach das Ziel zu erreichen, dass die Hinterbeine durch das Touchieren einzeln angefragt werden können und flink bis zur Fesselkopfhöhe angehoben werden. Je nach Balancezustand und Spannungsgrad in der Muskulatur kann diese einfache Aufgabe bereits einige Übungseinheiten erfordern.

EXKURS:

Balanceübung »Hinterbein länger anheben«

Pferden mit ganz schlechter Balance und sehr schwacher Hinterhand kann die Übung »Hinterbein länger anheben« ganz erheblich helfen. Mein Andalusier Pardo hatte zu Beginn der Ausbildung sehr große Schwierigkeiten, sein rechtes Hinterbein korrekt anzuheben. Seine Reaktion war damals ein schnelles, regelrechtes »Nach-oben-Zucken« um das Bein dann schnell wieder auf den Boden zu setzen. Pardo ist links hohl und rechts steif. Wie bereits im Kapitel »Bedeutung der Seitengänge & Geraderichtung« erklärt, ist das Hinterbein der hohlen Seite immer das schwächere. Pardo hatte daher Schwierigkeiten, sich

Die Übung »Hinterbein länger anheben« verbessert Balance & Kraft.

auf dem schwachen, linken Hinterbein auszubalancieren. Ihm hat sehr geholfen, dass er auf die Berührung mit der Touchiergerte verbunden mit dem Kommando »Auf« gelernt hat, das angefragte Hinterbein einfach länger in der Luft zu halten. Selbstverständlich kann auch ein anderes Stimmkommando ausgewählt werden. Als Ziel kann man sich vornehmen, dass der Schüler das Hinterbein bis zu zehn Sekunden über dem Boden hält, bevor es wieder aufgesetzt wird. Auch diese Übung wird sich erst über einen Zeitraum von mehreren Übungseinheiten realisieren lassen. Es handelt sich um eine hervorragende Gleichgewichtsschulung und kräftigt außerdem die Muskulatur des schwächeren Hinterbeins.

Bei dieser Aufgabe wird und darf das Pferd die Hinterbeine selbstverständlich höher anheben. Es wird auch möglicherweise das angehobene Hinterbein nicht ruhig und storchenartig in der Luft halten können. Etwas Bewegung in dem länger angehobenen Hinterbein ist bei dieser Gymnastikübung völlig normal.

Mögliche Probleme bei den Vorübungen

Dieses Kapitel befasst sich mit möglichen Problemen bei den Vorübungen. Es ist zu beachten, dass die Arbeit an der Piaffe erst begonnen werden darf, wenn das korrekte Führen und Abparieren problemlos und harmonisch ausgeführt werden kann. Sollten die im Folgenden beschriebenen Probleme auftreten, müssen diese zuerst behoben werden.

Pferd stürmt noch vorne

Bei dem zu eilig werdenden Pferd ist das Abparieren zu erarbeiten. Der Ausbilder hat auf eine präsente Ausstrahlung zu achten. Häufig passiert es dem Menschen, dass er sich durch die Unsicherheit mit dem nach vorne stürmenden Pferd körpersprachlich klein macht. Ein aufrechter Gang, ein nach vorne schweifender Blick mit einem gehobenen Kopf und eine positive, nicht zu weiche Körperspannung sind in diesen Fällen wichtig. Der Ausbilder achtet bei diesem Pferd darauf, dass er ihm exakt vorgibt, an welcher Position es bleiben soll. Auch schon ein minimales Übertreten der gedachten, vorgegebenen Grenze wird durch ein Abparieren am Kappzaum korrigiert. Ideal ist es, wenn sich die Oberlippe des Pferdes einige Zentimeter vor der Schulter des Menschen befindet. Hier ist die Konsequenz des Ausbilders gefordert. Auch wenige Zentimeter zu weit vorne sind ein Überschreiten der vorgegebenen Grenzlinie. In einer Herde würde ein Mitglied niemals den Herdenchef überholen. Wie zuvor erwähnt, versucht das Pferd in seiner körpersprachlichen Kommunikation dem Menschen so zu begegnen, wie einem Mitglied der Pferdeherde. Nur ein konsequentes Handeln entlang der gesetzten Regeln verschafft dem Ausbilder Respekt bei seinem vierbeinigen Schüler. Je konsequenter und klarer der Mensch in der Kommunikation ist, desto wohler und sicherer fühlt sich das Pferd. Das Ergebnis ist ein harmonisches Miteinander. Ziel der Ausbildung muss immer sein, dass ein feiner Impuls am Kappzaum reicht, um eine Reaktion auszulösen. Der Ausbilder hat stets darauf zu achten, dass er die Hilfe steigert, wenn keine Reaktion auf einen feinen Impuls erfolgt. Die folgende Einwirkung am Kappzaum fällt dann umgehend wesentlich deutlicher aus. In der Regel reagieren die Pferde sofort auf die etwas stärkere Einwirkung. Entscheidend ist in diesen Fällen, dass bei dem kleinsten Ansatz von einem Zu-weit-nach-vorne-Gehen das Abparieren umgehend erfolgt.

Häufig zu sehen ist auch, dass Hals und Kopf des Pferdes beim Parieren nach innen gezogen werden. Diese Vorgehensweise bringt den vierbeinigen Schüler zum einen aus der Balance und zum anderen zieht der Mensch das Pferd in seinen »Tanzbereich« (siehe Kapitel »Körpersprache«). In den Paraden ist stets darauf zu achten, dass der Hals des Pferdes gerade bleibt. Dies gelingt, indem der Unterarm des Ausbilders gleich einem Abstandshalter in Richtung des inneren Maulwinkels des Pferdes zeigt.

Während des Abparierens bleibt die Hand, welche die Kurzlonge führt, immer in Richtung Pferd ausgerichtet und darf auf keinen Fall in Richtung Mensch eingezogen werden. Wird auf diese Weise pariert, bleibt der Hals des Pferdes gerade.

Bei konsequenter Umsetzung der oben beschriebenen Vorgehensweise wird das nach vorne stürmende Pferd immer mehr auf seinen Menschen achten und lernen, auf feinste Signale am Kappzaum zu reagieren.

Pferd ist zu langsam/ geht nicht vorwärts

Das Gegenteil vom nach vorne stürmenden Pferd ist der vierbeinige Schüler, der sich gerne hinter seinem Menschen hinterherziehen lässt. Hier ist die Arbeit am Vorwärts der Lerninhalt. Das Pferd lernt bei dieser Übung, dass es stets auf der Position des Menschen bleiben soll. Die Idealposition ist auch hier wieder die, bei der sich die Oberlippe des Pferdes wenige Zentimeter vor der Schulter des Menschen befinden soll. Lässt sich das Pferd hinter diese gedachte Wunschposition zurückfallen, wird sofort mit der Touchiergerte nachgetrieben. Auch bei dieser Korrektur kommt es ebenfalls wieder auf die Konsequenz des Ausbilders an. Ein Sich-Verhalten wird umgehend mit einer treibenden Hilfe korrigiert. Bevor touchiert wird, kann das Pferd einmal mit einem Zungenschlag zu einer Reaktion aufgefordert werden. Erfolgt auf den Zungenschlag keine Reaktion, muss sofort mit der Gerte touchiert werden. Die Vorgehensweise verläuft analog zur Schulung der Schenkelhilfen beim Reiten. Unter dem Sattel wird das Pferd nur einmal mit dem Schenkel aufgefordert und es erfolgt kein zweites Einwirken mit dem Schenkel, möglicherweise sogar mit höherem Druck. Durch diese falsche Hilfengebung geraten viele Reiter in die unerwünschte Reiterei auf Basis von Muskelkraft. Beim Zungenschlag ist es dasselbe. Reagiert das Pferd nicht auf den Zungenschlag, kommt keine zweite Aufforderung, sondern der Impuls mit der Gerte. Man trifft oft auf Reiter, die unendlich viel schnalzen, ohne damit eine Reaktion des Pferdes zu bewirken. Wird die Gerte sofort eingesetzt, nachdem keine Reaktion auf die vorherige Aufforderung erfolgt ist, lernt das Pferd sehr schnell, dass die Einwirkung mit der Gerte immer gleich erfolgt, wenn es nicht fein und prompt reagiert. Der Ausbilder muss sich trauen, deutlicher zu werden, wenn das Pferd auf eine feine Einwirkung nicht reagiert. Wichtig ist hierbei, dass das Touchieren mit der Gerte erst dann endet, wenn das Pferd eine Reaktion zeigt. Pferde dieses Typs haben oft keine Kraft in der Hinterhand und reagieren zäh und langsam, weil die Muskulatur schwach und verkrampft ist. Es sind die typischen Schenkelgänger, die ebenfalls beim Reiten zäh am Bein sind. Häufig reagieren sie gar nicht mehr auf ein Nachtreiben mit der Gerte und vermitteln dem Menschen das Gefühl, dass diese Einwirkung keine Reaktion mehr hervorruft. Als Ausbilder muss man in diesen Fällen tatsächlich lästig bleiben. Die Berührung mit der Gerte hört erst auf, wenn eine deutliche Reaktion nach vorne in ein fleißigeres Vorwärts erfolgt ist. Reagiert das Pferd prompt, ist sofort und überschwänglich zu loben. Diesen Pferden fehlt in der Regel so sehr die Kraft in der Hinterhand, dass sie schon nach wenigen Metern wieder langsamer und zäher werden. Der Ausbilder fordert dann umgehend wieder mit den vorwärtstreibenden Hilfen auf: erst der Zungenschlag, dann das Touchieren mit der Gerte. Ein Akzeptieren von einem minimalen Ansatz des Sich-Verhaltens wäre wieder eine Inkonsequenz in der Vorgehensweise und für das Pferd widersprüchlich.

Bei diesen Pferden ist es wichtig, dass die Gerte lang genug ist, um die Hinterhand zu erreichen. Die im Kapitel »Ausrüstung« beschriebene Touchiergerte in ausreichender Länge ist ideal. Häufig ist es auch sinnvoll, besonders »schwungige« Gerten zu verwenden. Diese Gerten haben ein sehr weiches und bewegliches Endstück, welches hilft, mehr Energie zu übertragen. Beim Einsatz der Gerte fängt der Ausbilder mit einem leichten Schwingen an und wird dann in der Einwirkung deutlicher. Körpersprachlich muss regelrecht Energie vom Menschen auf diese Pferde übertragen werden.

Ziel ist es, diese zähen Pferde auf ein minimales und unsichtbares Zeichen selbstständig im Vorwärts zu erhalten. Pferde mit diesen Problemstellungen sind oft zuvor abgestumpft worden.

Jeder Mensch, der mit Pferden arbeitet, sollte sich immer bewusst machen, dass sie eine Fliege auf ihrem Fell spüren. Es muss schon sehr viel passiert sein, dass keinerlei oder sehr verlangsamte Reaktionen auf feine Einwirkungen erfolgen. Diese Pferde müssen im Laufe der Arbeit wieder regelrecht sensibilisiert werden. Oft sind sie, wie bereits oben erwähnt, in der Muskulatur stark verspannt. Ein verkrampfter Körper ist nicht mehr so gut in der Lage feine Signale aufzunehmen und umzusetzen. Mit zunehmender Lockerung der Muskulatur durch die klassische Dressurarbeit und die korrekte Schulung der richtigen Hilfengebung, lernen diese Pferde wieder auf feine Einwirkungen zu reagieren. Die gesamte Dressurarbeit, egal ob im Sattel oder an der Hand, sollte immer mit minimalen Einwirkungen erfolgen. Krafteinsatz hat grundsätzlich keine Berechtigung im Umgang mit dem Pferd.

Pferd drängelt nach innen

Ein häufig zu sehender Fehler ist das nach innen drängelnde Pferd. Es versucht den Menschen regelrecht von der Bande in Richtung Reitbahn zu schieben. Die Problematik ist dieselbe wie bei dem gegen den inneren Schenkel drängelnden Pferd. In der Regel passiert dies auf der steifen Seite des Pferdes. Wie im Kapitel »Bedeutung der Seitengänge & Geraderichtung« erklärt, ist das Hinterbein der steifen Seite das stärkere, aber dafür weniger geschmeidige Hinterbein. Das weit nach vorne Unter-den-Schwerpunkt-Fußen fällt den Pferden auf der steifen Seite schwer. Das Nach-innen-Drängeln nimmt das innere Hinterbein aus der Lastaufnahme.

Körpersprachlich ist wieder auf die Blickrichtung und den aufgerichteten Oberkörper zu achten. Die in Richtung Pferdemaul zeigende Führhand sorgt dafür, dass das Pferd nicht in den Bereich des Ausbilders hereinkommen kann.

Das Nach-innen-Drängeln ist immer mit einem stockenden Bewegungsablauf verbunden. Im Bestreben, das steifere Hinterbein zu schonen, geht das Pferd nicht mehr ausreichend vorwärts. Das konsequente Nachtreiben und das Wiederherstellen des Vorwärts ist entscheidend für die Korrektur.

Unregelmäßiger Bewegungsfluss

So gut wie allen dressurinteressierten Reitern ist die Skala der Ausbildung ein

Begriff. Der erste Punkt dieser Skala ist der Takt. Was heißt Takt in diesem Zusammenhang? Der Takt ist das räumliche und zeitliche Gleichmaß der Bewegung. Vielen Reitern ist bekannt, dass der Takt die Basis für die Dressurausbildung ist. Den wenigsten ist jedoch klar, wie sie den Takt ihres Pferdes unterstützen können. Häufig wird einfach der Takt angenommen, der vom Pferd in der jeweiligen Gangart angeboten wird. Als Reiter und auch als an der Hand arbeitender Mensch haben wir jedoch die Aufgabe, das Pferd in jeder Sekunde der Arbeit in seinem Takt zu betreuen und zu korrigieren. Was heißt das nun für die Arbeit an der Hand? Hauptgangart ist der Schritt, bevor es an die Arbeit an der Piaffe geht. Der Schritt ist ein Viertakt. Das gleichmäßige Erzeugen eines Viertakts ist auch die Aufgabe bei der Arbeit an der Hand. Während der Mensch neben dem Pferd hergeht, muss er stets auf einen gleichmäßigen Bewegungsfluss achten. Viele Pferde haben zu Beginn der Ausbildung noch keinen gleichmäßigen Takt. Das Erzeugen eines absolut taktklaren Bewegungsflusses gleicht der Arbeit eines Dirigenten, der jegliche Ungleichmäßigkeit in seinem Orchester sofort hört und mit seinem Taktstock korrigiert. Genauso ist es beim Schrittführen des Pferdes. Wird das Pferd minimal zu eilig, wird dies durch ein Abparieren am Kappzaum korrigiert. Ein Sich-Verhalten und Vermeiden des Vorwärts wird durch Nachtreiben mit der Touchiergerte behoben. Dieses genaue Beobachten und Erfühlen des Pferdes ist ganz entscheidend. Wichtig ist außerdem, dass der Mensch taktmäßige Schwankungen seines Pferdes nicht im eigenen Gang aufnimmt. Sehr oft ist zu sehen, dass das schwankende Pferd einen torkelnden Menschen produziert. In diesen Fällen ist es hilfreich, auf das eigene Gleichmaß der Vorwärtsbewegung zu achten, ohne sich von dem Pferd durcheinanderbringen zu lassen.

Pferd zu aufgeregt

Bei einem zu aufgeregten Pferd hat das Erreichen der Losgelassenheit oberste Priorität. Die Losgelassenheit ist die Basis für die korrekte Ausbildung und lässt sich laut Richtlinien für Reiten und Fahren an der psychischen und physischen Entspannung des Pferdes erkennen. Das losgelassene Pferd zeichnet sich aus durch einen zufriedenen Gesichtsausdruck (Auge und Ohrenspiel), einen gleichmäßig schwingenden Rücken, ein geschlossenes und tätig kauendes Maul, einen getragenen und mit der Bewegung pendelnden Schweif. Es schnaubt außerdem ab als Anzeichen für die innere Entspannung.[35] Das entspannte Abschnauben ist hier nicht mit dem durch Aufregung verursachten Schnauben zu verwechseln.

Häufig genügt bei der Arbeit an der Hand bei den zu aufgeregten Pferden eine weiche Körpersprache des Ausbilders. Es ist darauf zu achten, dass der Körper des Ausbilders in der Muskulatur nicht zu stramm wird. Ungeübten Handarbeitern passiert es bei diesen Pferdetypen schnell, dass sie das Zuviel an Energie des Pferdes im eigenen Körper aufnehmen. Die weiche Körpersprache des Menschen wirkt in der Regel beruhigend. Pferde dieses Typs haben in der Regel ein Zuviel an Vorwärts und neigen zum Davoneilen. Hier ist betont langsam zu führen. Der Ausbilder muss bei diesen Pferden am Zeitlupen-Schritt arbeiten. Ein Wechsel zwischen Mittelschritt und versammeltem Schritt funktioniert häufig, um diese Pferde zu konzentrieren und zu beruhigen. Bei besonders temperamentvollen Pferden kann es nötig sein, sie vor der Handarbeit in einer höheren Gangart zuerst unter dem Sattel oder an der Longe zu lösen. Selbstverständlich ist in diesen Fällen darauf zu achten, dass diese Pferde nicht durch Vorwärtshetzen müde gemacht werden, sondern durch ruhiges und kultiviertes Vorwärts ihren Takt finden und so zur Losgelassenheit kommen.

Genick zu hoch

Das nach oben über den Zügel drückende, sich dadurch absolut aufrichtende Pferd muss an der Hand dazu gebracht werden, den Hals wieder lang aus dem Widerrist fallen zu lassen und sich reell an die Hand des Ausbilders heranzudehnen. Das Über-dem-Zügel-Gehen bewirkt einen nach unten durchgedrückten Rücken und geht mit einer nach hinten arbeitenden Hinterhand einher. Pferde dieses Typs verhalten sich und versuchen so, dem Aufwölben der Wirbelsäule zu entgehen. Gerade Pferde der Barockpferderassen sind von diesem Fehler häufig betroffen. Statt den Hals lang zu machen und sich fallen zu lassen, machen sie den Hals kurz und richten sich zu stark auf. Viele Reiter verwechseln dies fälschlicherweise mit Versammlung, wenn ihr Pferd den schönen Hals so aufsetzt. Als Korrektur ist wieder das Vorwärts das Mittel der Wahl. Übergänge zwischen

[35] *Deutsche Reiterliche Vereinigung, Richtlinien für Reiten und Fahren, Band 1, S. 170*

Mittelschritt und versammeltem Schritt oder Schritt-Trab-Schritt-Übergänge bringen das Pferd dazu, den Rücken herzugeben und den Hals fallen zu lassen.

Genick zu tief - Pferd rollt sich ein

Auch das nach unten abtauchende Genick hat seine Ursache in der nicht nach vorne arbeitenden Hinterhand. Pferde mit sehr leichtem Genick (moderne Sportpferde) und mit zu harter Hand gearbeitete Pferde neigen zu dieser Form des Sich-Entziehens. Das nach unten stoßende Pferd muss durch aufwärts wirkende Paraden am Kappzaum am Abtauchen und Einrollen gehindert werden. Parallel dazu ist der Erhalt des Vorwärts zwingend erforderlich. Sich einrollende und dadurch im Genick zu tief kommende Pferde haben immer einen nicht ausreichenden Zug nach vorne. Die Lösung ist wieder der Mittelschritt, um den Zug nach vorne bei korrekter Positionierung des Genicks herzustellen. Der Ausbilder muss permanent darauf achten, dass das Genick nicht eine Sekunde zu tief kommt. Wird hier zu spät reagiert und das Pferd ist bereits abgetaucht, folgt als nächstes das Einrollen. Ist das Pferd erst eingerollt, sind die Aufwärtsparaden am Kappzaum häufig wirkungslos. Es gilt hier, den kleinsten Ansatz von Abtauchen sofort zu korrigieren, um das Einrollen zu vermeiden. Eine weitere Herausforderung ist es, diese Pferde daran zu hindern sich in den Kappzaum zu hängen und den Ausbilder als fünftes Bein zu nutzen. Genau wie unter dem Sattel soll das Pferd seinen Kopf selbst tragen und sich nicht auf die Hand des Ausbilders legen. Jeder minimale Ansatz von Sich-Schwermachen am Kappzaum muss durch ein Abparieren korrigiert werden. Auch in diesen Fällen sollte die Leichtigkeit von »zwei Gramm Backpulver« das innere Bild für das maximal zulässige Gewicht auf der Kurzlonge sein.

In der Regel sind diese sich einrollenden Pferde so überstreckt in der Oberlinie und dadurch auch verspannt, dass sie für die korrekte Fortbewegung im Mittelschritt bei richtiger Positionierung des Genicks sehr wenig Kraft haben. Die Übungssequenzen sind so zu gestalten, dass das Pferd die Übung erfolgreich bewältigen kann, ohne dass Harmoniestörungen entstehen. Wie bei allen Aufgaben ist es sinnvoll, zu Beginn kleine Sequenzen zu wählen und immer wieder Pausen einzulegen.

EXKURS:

Rücken- und Schenkelgänger

Ziel der Ausbildung ist der sogenannte Rückengänger. Er zeichnet sich durch akzentuierte Schwingungen der Wirbelsäule aus. Diese machen alle Bewegungen des Rückengängers aktiver und in der Regel auch raumgreifender. Der Rückengänger ist an weichen und elastischen Bewegungen zu erkennen. Die erwähnten akzentuierten Schwingungen der Wirbelsäule werden erst möglich, wenn das Pferd in der Lage ist, die in der Hinterhand entwickelten Kräfte an Kopf, Hals und Vorderbeine weiterzugeben. Die schwingende Wirbelsäule ist die Voraussetzung für den Rückengänger. Ist diese Fähigkeit nicht vorhanden, gibt es auch keine Anlehnung an das Gebiss. Oben beschriebene Schwingungen sind nicht nur sichtbar, sondern auch fühlbar. Der Schenkelgänger hingegen bewegt sich ohne die Mitwirkung der schwingenden Wirbelsäule. Seinen Bewegungen fehlen die Elastizität und der Raumgriff. Der Reiter fühlt ein hartes und angespanntes Pferd. Die Bewegungen sind meist wenig raumgreifend, übereilt oder auch träge. Schenkelgänger gehen entweder hinter dem Zügel oder liegen hart auf der Reiterhand. Die Einwirkung des Reiters und der zu erreichende Gehorsam sind begrenzt. Wie oben erwähnt, ist das Ziel der Ausbildung, den Rückengänger als solchen zu erhalten und den Schenkelgänger nach Möglichkeit zum Rückengänger zu machen. Da diese Begriffe größtenteils aus dem Vokabular der Reitersprache verschwunden sind, ist auch deren Bedeutung in der Ausbildung verloren gegangen.[36]

[36] *Albrecht, Kurt, Ausbildungshilfen für Pferd und Reiter, S. 77*

Die Bewegungsenergie fließt beim Rückengänger vom Schweif bis zur Reiterhand.

8. Die Arbeit an der Piaffe

Beherrscht das Pferd die im vorherigen Kapitel beschriebenen Vorübungen ist es gut vorbereitet, um die Arbeit an der Piaffe zu beginnen.

Auf welcher Hand beginnen?

Die Wahl der Hand wird bestimmt vom Geschick des Ausbilders und von der Schiefe des Pferdes. Die Entwicklung der Piaffe an der Hand ist in hohem Maße abhängig vom Touchiergeschick des Ausbilders. Die meisten Menschen können daher in der Regel nur mit einer Hand gut touchieren. Dies bedeutet, dass Rechtshänder in der Regel die Pferde gut auf der linken Hand anpiaffieren können, da sie mit der Touchiergerte in der rechten Hand geschickter sind. Linkshänder sind entsprechend dieser Logik in der Reitbahn auf der rechten Hand geschickter und werden die Pferde ausschließlich in dieser Richtung arbeiten.

Bei sehr schiefen Pferden kann es sinnvoll sein, sich den begrenzenden Effekt der Bande zunutze zu machen und das Pferd auf der steifen Seite anzupiaffieren. Dies hat folgenden biomechanischen Hintergrund. Wird das Pferd auf der hohlen Seite anpiaffiert, wird es versuchen, sich der schwierigen Übung zu entziehen, indem es die Kruppe vermehrt in die Bahn bringt. Die Ausbinder haben zwar einen geraderichtenden Effekt, können aber zu Beginn häufig noch nicht so stark verkürzt werden, wie es für einen geraderichtenden Effekt nötig wäre. Piaffiert man das Pferd daher auf der steifen Seite an, verhindert die vorhandene Bande, dass das Pferd sich schief macht. Ein links hohles Pferd würde man somit eher auf der rechten Hand anpiaffieren. Ein Herausbringen der Kruppe nach links (auf der rechten Hand also in diesem Fall nach außen) würde durch die Bande verhindert werden. Diese Vorgehensweise ist jedoch nur möglich, wenn der Ausbilder in der Lage ist, mit seiner linken Hand die Gerte zu führen.

Zu Beginn wird das Pferd nur auf einer Hand gearbeitet. Erst zu einem späteren Ausbildungszeitpunkt wird die Piaffe auf beiden Händen abgefragt. Ein sofortiges Erarbeiten der Piaffe auf beiden Händen würde das Pferd überfordern. Bei Kurt Albrecht ist zu lesen, dass der Handwechsel bei der Arbeit an der Hand immer mit der Bahnfigur »In die Ecke umkehrt« (In die Ecke kehrt) vorgenommen wird.[37] Der Handwechsel muss nicht zwingend in der Ecke vorgenommen werden. In Form dieser Hufschlagfigur kann auch an der Mitte der langen Seite gewendet werden.

[37] *Albrecht, Kurt, Ausbildungshilfen für Pferd und Reiter, S. 87*

Diagonalisieren des Schritts

Der rückwärtsgehende Ausbilder (siehe Kapitel »Schritt führen & Abparieren«) führt das Pferd im ruhigen Schritt auf dem ersten Hufschlag und beginnt, es am inneren Hinterbein zu Beginn ungefähr auf Höhe der Röhrbeinmitte zu touchieren. Über das Touchieren wird der genaue Rhythmus der zu erzeugenden Piaffe vorgegeben. Wichtig ist hierbei, dass der Ausbilder ein klares inneres Bild von dem zu formenden Bewegungsablauf hat. Hierzu sind eine gute Fokussierung und ein gutes Rhythmusgefühl notwendig. Die Touchiergerte wird im Takt der zukünftigen Piaffe bewegt. Es kann sinnvoll sein, das Bewegen der Touchiergerte im Rhythmus der Piaffe zuerst ohne das Pferd zu üben.
Jede noch so kleine und richtige Reaktion auf das Touchieren am inneren Hinterbein wird sofort gelobt. Das Pferd wird zum Halt pariert, abgeklopft, mit Stimme gelobt und mit Futter belohnt. Es handelt sich um ein sehr kleinschrittiges Vorgehen, welches sich später in Form von schönen, ruhigen Piaffen auszahlt und das Pferd vor einer Überforderung bei dieser kraftanstrengenden Arbeit bewahrt.
Ziel der Übung ist es, dass die Gerte immer fein einwirkt und gleich einem Taktstock bewegt wird. Reagiert das Pferd noch

Durch das korrekte Touchieren wird der Schritt mehr und mehr diagonalisiert.

nicht richtig oder gar nicht, darf der Ausbilder den vorzugebenen Rhythmus auf keinen Fall unterbrechen. Dies ist bei der Arbeit an der Piaffe eine der größten Herausforderungen. Der Ausbilder muss die Touchiergerte im immer gleichen Rhythmus bewegen und darf sich nicht vom Pferd durcheinanderbringen lassen. Reagiert das Pferd nun im richtigen Rhythmus mit ersten diagonalen Tritten, wird sofort wieder überschwänglich gelobt und eine Pause eingelegt.

Das Pferd muss lernen, auf die Einwirkung der Gerte prompt zu reagieren. Ein voreiliges Hochziehen der Hinterhand ist ebenso unerwünscht wie ein verzögertes, zähes Abfußen. Die Piaffe entwickelt sich bei dieser Vorgehensweise über eine Diagonalisierung des Schritts. Der Schritt ist ein Viertakt. Das Pferd lernt punktgenau auf den Rhythmus der Touchierpeitsche zu reagieren. Der Schritt wird diagonalisiert und der Zweitakt der Piaffe entsteht. Die Diago-

nalisierung lässt sich am automatisch in Aktion tretenden gegenüberliegenden, diagonalen Vorderbein erkennen.
Von den Kunden kommt häufig die Frage, warum zu Beginn nur auf einer Hand gearbeitet wird. Ein Abfragen dieser herausfordernden Übung auf beiden Händen würde das Pferd auf diesem Ausbildungsstand überfordern. Die gleichmäßige Arbeit der vier Pferdebeine ist trotzdem gegeben, da durch die Diagonalisierung das andere diagonale Beinpaar ebenfalls mitarbeitet.
Vom Ausbilder ist ein genaues Beobachten erforderlich, welches Hinterbein touchiert werden muss. Zu Beginn wird immer zuerst das innere Hinterbein aufgefordert. Stellt man mit fortschreitendem Üben fest, dass das Pferd beginnt, nur mit dem inneren Hinterbein zu arbeiten und das äußere Hinterbein weniger zu nutzen, wird auch das äußere Hinterbein touchiert. Das Touchieren erfolgt immer von hinten. Aus diesem Grund ist es wichtig, den Schweif des Pferdes hochzubinden und eine ausreichend lange Touchiergerte zu verwenden. Der Ausbilder hat stets darauf zu achten, dass er selbst gleichmäßig in kleinen Schritten mitgeht und etwaige Temposchwankungen des Pferdes nicht im eigenen Gehen aufnimmt. Ebenso bedeutend ist die gerade Linienführung. Während der Ausbilder rückwärts neben dem Pferd hergeht, darf er weder in Richtung Bande noch in Richtung Bahninneres schwanken. Ein Abweichen von der Linie würde sofort zu einer Harmoniestörung führen. Wie im Kapitel »Körpersprache des Ausbilders« beschrieben, ist auf eine aufrechte Haltung zu achten.

Einschwingen in Richtung Piaffe

Hat das Pferd das neue Bewegungsmuster so verstanden, dass es punktgenau reagiert und die ersten diagonalen Tritte gelingen, geht es nun um das Erzeugen eines gleichmäßigen Bewegungsflusses. Der Ausbilder arbeitet mit dem inneren Bild, des sich regelrecht in der Piaffe einschwingenden Pferdes. Zu diesem Zeitpunkt muss darauf geachtet werden, dass nicht nur zwei Tritte angeboten werden und danach der Bewegungsfluss stockt. Es geht nun darum, mehrere Tritte in Folge zu erzeugen. Wie bei allen Lektionen muss auch bei der Piaffe an der Hand stets eine Vorwärtstendenz erhalten bleiben. Ein vorzeitiges Unterbrechen der diagonalen Tritte

Hat das Pferd das neue Bewegungsmuster verstanden, geht es um das Erzeugen eines gleichmäßigen Bewegungsflusses.

durch das Pferd ist zu vermeiden. Der Ausbilder bestimmt das Ende der Übung. Ziel ist es, dass die Einwirkung des Ausbilders immer geringer wird und das Pferd von selbst in der Piaffe bleibt.

Der Ausbilder muss stets bedenken, dass das Wort »touchieren« in seiner Übersetzung die Bedeutung von »berühren« hat. Die Einwirkung der Touchiergerte darf zu keinem Zeitpunkt vom Pferd als

Strafe empfunden werden. Sie wird als Hilfe eingesetzt, um den richtigen Bewegungsablauf zu schulen. Die Einwirkung mit der Touchiergerte ist immer fein und sensibel zu gestalten. Wie eingewirkt wird, ist von Pferd zu Pferd verschieden. Es kann hilfreich sein, mit der Touchierspitze zu berühren. Bei einigen Pferden reicht auch ein Zwitschern in Form von einem Schwingen mit der Touchierspitze ohne tatsächliche Berührung der Pferdebeine. Wie bei den Schenkelhilfen, darf nur dann eingewirkt werden, wenn Unterstützung benötigt wird. Die Hilfen sind auch bei der Arbeit an der Hand auszusetzen, wenn das Pferd gut arbeitet. Zu Beginn wird eine dauerhafte Rhythmus-Vorgabe notwendig sein. Später wird nur der Beginn der Übung signalisiert, dann sollte die Touchierpeitsche schweigen und lediglich bei kurzzeitigen Korrekturen zum Einsatz kommen.

Das feine Schwingen der Gerte im Rhythmus der zu erzeugenden Piaffe ist ein ganz entscheidendes Element der Arbeit an der Hand. Die Pferde beachten durch ihr großes Gesichtsfeld den Ausbilder genau und nehmen das rhythmische Schwingen der Gertenspitze wahr. In der Regel antizipieren die Pferde den vorgegebenen Piaffe-Rhythmus schnell und lernen durch entsprechende diagonale Tritte zu reagieren.

Abhängig vom Pferd wird der Ausbilder mit unterschiedlichen Energieleveln arbeiten müssen. Zu schnelle, elektrische Pferde können über das langsame, ruhige Einwirken der Touchiergerte langsamer gemacht werden. Zu verhaltende, nicht flink reagierende Pferde können über einen höheren Energielevel fleißiger werden. Der Ausbilder arbeitet gleich einem Dirigenten. Die Touchiergerte ist mit einem Taktstock vergleichbar. Um eine schöne, schwingende Piaffe zu erzeugen ist es wichtig, beim Touchieren mit dem klaren inneren Bild zu arbeiten, dass dem inneren Hinterbein ausreichend Zeit gegeben wird, lange genug in der Luft zu bleiben, bevor es wieder abgesetzt wird. Ohne dieses innere Bild besteht die Gefahr, dass die Hinterhand zu stark beschleunigt wird und das Pferd dadurch nicht in ein ruhiges Schwingen kommen kann.

Der Ausbilder achtet körpersprachlich stets darauf, dass er selbst kleine, versammelte Schritte vorgibt und nicht zu eilig läuft. Außerdem nimmt er eine ruhige, aufrechte Körperhaltung ein. Häufig zu sehen sind Menschen, die am Boden fast genauso schön piaffieren wie ihre vierbeinigen Schüler. Solche Bilder sind zu vermeiden. Der Ausbilder geht ruhig mit dem Pferd mit, ohne selbst in piaffeartige Wippbewegungen zu verfallen.

Das Pferd ist bei der Arbeit an der Hand stets gerade am Hufschlag zu halten.

Die anstrengende Arbeit an der Piaffe ist in kleine Arbeitsschritte zu zerlegen und immer durch Pausen, verbundenen mit deutlichem Loben, zu unterbrechen.

Eine unruhige Körperhaltung des Ausbilders stört das Pferd in der Piaffe.

Ein weiterer Aspekt bei der Arbeit an der Hand ist das Geraderichten des Pferdes. Neben der korrekten Positionierung des Genicks als höchstem Punkt, ist ebenfalls die Vorhand des Pferdes in richtigem Maße auf die Hinterhand einzustellen. Auf der hohlen Seite kleben die Pferde häufig mit der Schulter regelrecht an der Bande. Hier ist eine schulterhereinartige Stellung hilfreich. Auf der steifen Seite ist in der Regel darauf zu achten, dass das Pferd korrekt gestellt ist und sich nicht nach außen hohl macht.

Stets ist zu bedenken, dass es sich bei der Arbeit an der Piaffe um eine sehr kraftanstrengende Übung handelt. Wenn es darum geht, mehrere Tritte im gleichmäßigen und harmonischen Bewegungsfluss zu erzeugen, muss immer bedacht werden, dass die Pferde zu Beginn schnell ermüden. Auf keinen Fall darf die Arbeit an der Hand übertrieben werden (siehe auch Kapitel »Trainingsdauer«). Am Anfang gibt man sich mit wenigen korrekten Tritten zufrieden und unterbricht die Arbeit für ein Lob und eine Pause.

Die Ausbinder sind zu Beginn der Arbeit sehr lang verschnallt. Es ist zu vermeiden, dass sich das Pferd durch die Ausbinder eingeengt fühlt. Waldemar Seunig weist darauf hin, dass das Pferd keinesfalls in eine die rhythmischen Schwingungen seines Körpers hindernde Form gepresst werden darf. Aus diesen würde es immer den Ausweg nach rückwärts suchen. Genick und Maul müssen stets die Möglichkeit haben, noch nach hinten nachzugeben. Er betont explizit, dass dies nur der Fall ist, wenn die Nasenlinie etwas vor der Senkrechten steht und das Genick den höchsten Punkt der oberen Halslinie bildet. Mit steigender Kraft werden die Ausbinder mehr und mehr verkürzt. Dieser Prozess zieht sich über einen Zeitraum von mehreren Wochen bis Monaten. Die Länge der Ausbinder ist abhängig von der Kraft des Pferdes, sprich vom möglichen Grad der Hankenbeugung. Kopf und Hals werden zu Beginn noch nicht zu stark aufgerichtet. Das Genick ist aber immer der höchste Punkt. Die Kopf-Hals-Basis hebt sich automatisch mit den vermehrt gebeugten Hanken durch das Einschwingen in Richtung Piaffe. Die Oberlinie entwickelt sich von einer eher flacheren zu einer mehr versammelten Oberlinie.

[38] *Seunig, Waldemar, Von der Koppel bis zur Kapriole, S. 320*

Oberbereiter Andreas Hausberger & Conversano Dagmar

Expertentipp

von **Oberbereiter Andreas Hausberger**

Oberbereiter Andreas Hausberger empfiehlt mit der Arbeit an der Piaffe nicht zu früh zu beginnen. Die Schulung der Piaffe sollte erst mit Beginn der Campagneschule in die tägliche Arbeit aufgenommen werden. Dem Pferd sollte immer die Zeit gegeben werden, die es individuell braucht, um diese Lektion zu erlernen. Bis das Pferd die Piaffe unter dem Reiter zeigen kann, ist ein Zeitraum von zwei bis drei Jahren üblich.

Obereiter Wolfgang Eder, Bereiterin Hannah Zeitlhofer & Favory Bonavia

Arbeit an der Hand mit zwei Ausbildern

Eine weitere Form der Arbeit an der Hand ist das Führen des Pferdes durch zwei Ausbilder. Ein Ausbilder steht an der gewohnten Position am Kopf des Pferdes. Der zweite Ausbilder führt das Pferd über eine zusätzlich angebrachte Longe und übernimmt das Touchieren. Die Longe wird hierzu am äußeren Ring des Kappzaums angebracht und verläuft über den Widerrist des Pferdes zu dem hinten innen mitgehenden zweiten Ausbilder.

Die Arbeit an der Hand mit zwei Ausbildern ist in folgenden Fällen sinnvoll.

Handelt es sich um Pferde, die aufgrund ihres stürmischen Temperaments schwieriger abzuparieren sind, kann es sinnvoll sein, in der beschriebenen Weise zu arbeiten. Ein weiterer Grund für diese Form der Arbeit ist die Gewöhnung des jungen Pferdes an den hinten gehenden Ausbilder. Für die Überleitung der Piaffe von der Arbeit an der Hand zur Arbeit unter dem Reiter ist es notwendig, dass sich das Pferd auch vom hinten seitlich gehenden Ausbilder touchieren lässt. Bisher kannte es nur den vorne am Kopf gehenden Ausbilder und lernt nun über diese Form der Arbeit den hinten gehenden Menschen kennen.

Weitere Wege

Der in diesem Buch beschriebene Weg für die Arbeit an der Hand bezieht sich auf die österreichische Schule. Wie immer in der Reiterei ist es sinnvoll, auch einen Blick über den Tellerrand zu wagen und andere Wege zu betrachten. In diesem Kapitel werden weitere Wege zur Entwicklung der Piaffe beschrieben.

Touchieren auf der Kruppe

In der romanischen Schule wird die Piaffe sehr häufig durch das Touchieren auf der Kruppe geschult. Auch hier gibt der Ausbilder durch das Touchieren auf der Kruppe den Rhythmus der Piaffe vor. Wie bereits im Kapitel »Touchierpunkte« beschrieben, birgt das Touchieren an dieser Stelle die Gefahr, dass die Kruppe zu hoch kommt und hüpfende Piaffen entstehen. Dennoch gibt es viele Ausbilder, die mit diesem Weg wunderbare und korrekte Piaffen erzielen.

Piaffe aus dem Rückwärts

Die Entwicklung der Piaffe aus dem Rückwärts entstammt ebenfalls der romanischen Schule. Das Rückwärtsrichten als Vorbereitung auf die Piaffe hat zwei Effekte. Zum einen setzt es das Pferd bei korrekter Ausführung vermehrt auf die Hanken. Zum anderen führt das Rückwärtsrichten bereits zu einer Diagonalisierung des Schritts. Egon von Neindorff beschreibt, dass das Rückwärtstreten an der Hand versteifte Gelenke wieder beweglich macht und die Vorwärts-Aufwärts- Richtung solcher Pferde fördert. Außerdem erwähnt er, dass die Entwicklung aus dem Rückwärts das Pferd auf treibende und verhaltende Hilfen noch aufmerksamer macht und man lebhaftere Piaffetritte aus tätiger Hinterhand und noch tiefer gesetzter Kruppe erreichen kann. Er selbst weist allerdings darauf hin, dass er meist ohne das Rückwärtsrichten ausgekommen ist.[39] Wird das Pferd rückwärtsgerichtet, ist ein mögliches Schiefwerden in der Kruppe sofort durch Anlegen der Gerte zu korrigieren. Der Erhalt der Vorwärtstendenz in der Piaffe, muss bei dieser Vorgehensweise besonders beachtet werden.

Entwicklung aus dem Trab über halbe Tritte

Die Piaffe lässt sich an der Hand ebenfalls über den Trab und das Zurückführen in Richtung halber Tritte entwickeln. Hierzu wird das Pferd zuerst an der Hand getrabt und dann über Parieren am Kappzaum immer mehr versammelt, bis sich erste halbe Tritte und später die Piaffe entwickeln.

Zu diesem Weg ist noch ein wichtiger geschichtlicher Hinweis einzufügen. Alois Podhajsky lehnte in seinem Buch »Die Klassische Reitkunst« die Entwicklung der Piaffe aus dem Schritt vehement ab.[40] Hier widerspricht er der von Brigadier Kurt Albrecht beschriebenen und der auch heute noch in Wien praktizierten Vorgehensweise. Podhajsky favorisierte die Entwicklung über den Trab, da er die Gefahr des Verlusts der Vorwärtstendenz und des zu starken Einsatzes der Touchiergerte sah. Beim Leser beider Bücher erzeugt diese widersprüchliche Argumentation dieser beiden wichtigen Persönlichkeiten der Spanischen Hofreitschule große Verwirrung. Erklären lässt sich das Abweichen Podhajskys vom herkömmlichen Weg der Spanischen Hofreitschule in diesem Fall damit, dass er vor seiner Wiener Zeit von der deutschen Schule geprägt wurde. Er versuchte damals auch an der Spanischen Hofreitschule den in der H.dV. 12 beschriebenen Ausbildungsweg zu etablieren. Der klassische Weg zur Entwicklung der Piaffe an der Hand war und ist an der Spanischen Hofreitschule jedoch der von Kurt Albrecht beschriebene. Die damaligen Oberbereiter haben auch unter Podhajsky stets den klassischen Weg der österreichischen Schule beibehalten.

[39] *von Neindorff, Egon, Die reine Lehre der klassischen Reitkunst, S. 270*

[40] *Podhajsky, Alois, Die Klassische Reitkunst, S. 195-197*

EXKURS:

Meine Wege zur Piaffe an der Hand

von Andrea Schmitz

Andrea Schmitz ist Ausbilderin der klassischen Dressur und Showreiterin. Gefördert wurde sie von zwei Größen im Reitsport: Richard Hinrichs und Günther Fröhlich. Vier Jahre lang wirkte sie an dem Pferde-Musical »Zauberwald« mit und reiste dabei mit ihren Pferden quer durch Europa.

Die Arbeit an der Hand ist eine sinnvolle Vorbereitung und Ergänzung zur Arbeit unter dem Sattel. Junge Pferde lassen sich schonend, ohne störendes Reitergewicht an versammelte Lektionen gewöhnen, ältere Pferde können so auch mit altersbedingten Schwächen weiterhin gymnastiziert werden.

Man begegnet den Pferden im wahrsten Sinne des Wortes auf Augenhöhe. Somit lässt sich aufgrund der Mimik des Pferdes sofort erkennen, ob man zu viel oder zu

Andrea Schmitz mit Alegre bei der Arbeit an der Hand

wenig gefordert hat. An der Hand lässt sich eine auf Vertrauen und Gehorsam basierende Beziehung herstellen, die sich sowohl auf den Umgang als auch auf die Reiterei positiv auswirkt. Ich beginne die Arbeit an der Hand auf Trense und nehme eine Gerte mit, deren Länge ich individuell nach Größe und Gebäude des Pferdes wähle.

Unter Berücksichtigung, dass die als Ziel angestrebte Piaffe eine Lektion mit höchstem Versammlungsgrad ist, brauche ich entsprechend auch höchste Konzentration. Diese Konzentration ist Grundvoraussetzung bereits in allen Vorstufen zur Piaffe.

Leichte Führübungen, wie das Angehen für kurze Reprisen im Schritt mit anschließendem Halten, sind wichtig für den Anfang. Sie sind die Basis. Hier ist jede gute Reaktion des Pferdes, und sei sie noch so unspektakulär, lobenswert! Ich möchte dem Pferd das Gefühl geben, dass es leicht ist, mich zufrieden zu stellen, so dass es sich nicht überfordert fühlt. Damit schaffe ich mir bereits an dieser Stelle eine positive Arbeitsatmosphäre und eine solide Basis für gute Mitarbeitsbereitschaft. Ich beachte, dass ich bei jeder Anforderung an das Pferd so rechtzeitig abbreche, eine Pause mache, dass ich ein »Durchgehen« verhindere. Jedes »Schwerwerden« vorne im Pferdemaul ist bereits eine subtile Form von Durchgehen und dies möchte ich in jedem Fall verhindern!

Sobald ich auf leichte Hilfen einfache Schritt-Halt-Schritt-Übergänge sicher herstellen kann, gehe ich zu höheren Anforderungen über:
Rückwärtsrichten, Halten, Schritt, verkürzter Trab, Halt, Rückwärtsrichten. Auch hier bleibt meine Priorität, dass sich das Pferd auf leichte Hilfen in Bewegung bringen lässt, sowohl ins Vorwärts, als auch ins Rückwärts, und wieder anhalten lässt.

Leichte Hilfen bedeuten für mich der Gedanke für die Bewegung, die ich mir wünsche, bzw. für das Anhalten, als feinste Hilfe, ergänzt durch die entsprechende Körperanspannung bzw. –entspannung. Bewusstes Einatmen erhöht den Energielevel, bewusstes Ausatmen senkt ihn. Dazu kommt der differenzierte Einsatz von Stimm- und Gertenhilfen: belebend wie beruhigend. Jede gewünschte Reaktion des Pferdes beantworte ich mit Entspannung. So kann ich mir sicher sein, dass sich das Pferd bei mir wohlfühlt. Körpersprachlich kann ich weiter vorne vor dem Pferdeauge eher bremsend, wirken seitlich mitgehend hinter dem Pferdeauge eher treibend. Dies ist abhängig vom Pferdetyp und der jeweiligen Situation.

Erfahrungsgemäß lassen sich die meisten Pferde im Konter-Schulterherein sowohl leichter entspannen als auch versammeln. Mit der Außenstellung kann ich die optisch bremsende Wirkung der Bande zum Abfangen der Bewegung nutzen und brauche daher weniger Zügeleinwirkung. Wenn ich mir sicher bin, dass das Pferd auf feine Hilfen bei mir bleibt, verlange ich Schulterherein auf der Volte, sowohl nach links als auch nach rechts. Gerade Pferde, die sich am Hufschlag eingeengt fühlen, sind so später leichter unabhängig vom ersten Hufschlag anzupiaffieren. Je kleiner ich eine Volte verlange, desto mehr entwickelt sich daraus eine Vorhandwendung. Bei wechselnder Kopfstellung eine Renvers-Volte. Diese wechselnde Stellung und Biegung, die Rechts-Linksverfügbarkeit, erhält die Pferde auch bei zunehmendem Versammlungsgrad locker im Rücken, ebenso das seitliche Übertreten der Hinterfüße. Manche Pferde neigen zum »Tippeln« und zeigen daher hektische Tritte, oder zum »Schieben«, wenn sie ohne Hankenbeuge mit den Hinterbeinen nach vorne schreiten, anstatt unter den Schwerpunkt zu treten. Hier sind als Basis das seitliche Übertreten und das Rückwärtsrichten in kurzen Tritten wichtig. Harmonisch wirkt eine Piaffe nur bei guter Rückentätigkeit, die sich durch den Wechsel von An- und Entspannung der Muskulatur offenbart.

Keine Regel ohne Ausnahme: Generell arbeite ich lieber ohne Ausbinder, so dass ich dem Pferd mal etwas mehr, mal etwas weniger Kopfstellung abverlangen kann. Oder es sofort lang werden lassen kann, wenn es etwas besonders gut gemacht hat, und ich dies belohnen möchte.
Aber es gibt Pferde, bei denen ich lieber mit Ausbindezügeln arbeite und ein seitlicher Rahmen durchaus sinnvoll ist:

- *Temperamentvolle Pferde, die ruhiger bleiben, wenn sie über den Ausbinder eine bestimmte Haltung vorgegeben bekommen.*
- *Hengste, die bei kleinsten Änderungen der Körperspannung zum Schnappen neigen.*
- *Instabile Pferde, die sich über eine vorgegebene Silhouette besser und harmonischer arbeiten lassen.*

Bei den meisten Pferden kann ich ohne Ausbindezügel ein »Mehr« an Freiheit gewähren und ein »Mehr« an Losgelassenheit bekommen, das mir auch für Lektionen mit hohem Versammlungsgrad wichtig ist.

Mögliche Probleme

Dieses Kapitel befasst sich mit möglichen Problemen bei der Piaffe an der Hand und deren Lösungsmöglichkeiten.

Schulter nicht ausreichend angehoben

Häufig ist in der Reitliteratur zu lesen, dass die ideale Piaffe immer ein senkrecht stützendes Vorderbein haben muss. Biomechanisch ist dieses Idealbild bei vielen Pferden nicht möglich. Wie bei der Bergziege muss bei minimal verkürzter Stützfläche auch die Vorhand in einigen Fällen rückständig werden. Ein rückständiges Vorderbein ist also nicht bei allen Pferden ein Zeichen für eine schlechte Piaffe. Fußt die Hinterhand bei korrekter Hankenbeugung diagonal ab und die Bewegungsenergie geht nach vorne-oben durch das ganze Pferd in Richtung Widerrist, so ist ein rückständiges Vorderbein nicht fehlerhaft. Hängt das Pferd allerdings regelrecht auf der Schulter und die Hinterhand fußt zwar diagonal ab, weist aber keinerlei Anzeichen von Hankenbeugung und somit korrekter Lastaufnahme auf, wird diese Form der Piaffe gesundheitsschädlich auf der Vorhand ausgeführt. Bei der korrekt ausgeführten Piaffe wächst das Pferd vorne aus dem Widerrist. Hängt das Pferd jedoch fälschlicherweise auf der Schulter, ist dieses Wachsen in der Vorhand nicht zu erkennen. In solchen Fällen ist das rückständige Vorderbein ein fehlerhaftes Anzeichen.

Genauso verhält es sich mit dem in der Literatur als idealtypisch beschriebenen bis zur Waagerechten angehobenen Unterarm. Abhängig von den anatomischen Gegebenheiten können manche Pferde ideale Piaffen ausführen, aber niemals den Unterarm bis zur Waagerechten anheben. Auch hier gilt es wieder, das Gesamtbild der Piaffe zu betrachten.

Hängt das Pferd auf der Schulter, kann dies in einer fehlenden Vorwärtstendenz und einer falschen Positionierung des Genicks begründet sein. Der Ausbilder sollte bei der Arbeit an der Hand grundsätzlich beachten, dass das Genick der höchste Punkt ist. Stößt das Pferd nach unten, ist das Genick sofort durch eine Aufwärtsparade am Kappzaum zu korrigieren.

Das fehlende Vorwärts ist zu beheben, indem das Pferd immer gut nach vorne an die Kurzlonge bzw. an das Gebiss herangetrieben wird. Pferde mit zu wenig Vorwärtstendenz zeigen in der Regel schon im Schritt einen zögerlichen Bewegungsablauf. Es handelt sich in diesen Fällen nicht um den versammelten Schritt, denn auch dieser hat in seinem langsamen Bewegungsablauf eine vibrierende Vorwärtstendenz, sondern um einen schleppenden, schlechten Schritt mit festgehaltenem Rücken. Als Ausbilder spürt man dies an einem Pferd, welches vom Gefühl her nicht zu einem aufschließen mag. Häufig haben diese Pferde auch nach den Paraden zum Halt sofort die Tendenz, leicht rückwärts zu gehen. Jeder kleine Ansatz von einem nicht ausreichenden Zug nach vorne, muss durch den Ausbilder sofort nach vorne korrigiert werden. Dies bedeutet beim Schrittführen ein umgehendes Nachtreiben bei vorhandenem Zögern des Pferdes. Es kann notwendig sein, kurzzeitig den Piafferhythmus der Touchierpeitsche zu unterbrechen, um das Pferd mit dieser nach vorwärts zu korrigieren. Wie bereits im Kapitel »Touchierpunkte« erwähnt, ist es in diesen Fällen sinnvoll, auf Höhe des Kniegelenks zu touchieren. Der Ausbilder muss dann darauf achten, dass er körpersprachlich das Zögern des Pferdes nicht in seinem eigenen Bewegungsfluss aufnimmt, sondern gleichmäßig in kleinen Schritten weitergeht und das Pferd auffordert, mitzukommen. Pferde mit dieser Problematik sollten in den Ecken Mittelschritt geführt werden und dann wieder zurück in den versammelten Schritt pariert werden. Bei den ganzen Paraden ist gut darauf zu achten, dass ein mögliches Zurücktreten auch umgehend wieder nach vorne auf die Ursprungsposition korrigiert wird. Außerdem ist bei fehlender Vorwärtstendenz zu berücksichtigen, dass die Piaffe noch nicht zu stark am Platz ausgeführt wird.

Hinterhand fußt zu hoch ab

Eine zu hoch abfußende Hinterhand ist zu Beginn der Arbeit an der Hand nicht ungewöhnlich. Besonders sehr feine und sensible Pferde reagieren auf das Touchieren etwas zu deutlich. Das zu hohe Abfußen deutet allerdings immer auf eine nicht korrekte Winkelung der Hanken hin. Das zu stark gewinkelte Sprunggelenk geht in der Regel einher mit nicht ausreichend gewinkelten Hüft- und Kniegelenken. Dies bedeutet, dass sich das Pferd nicht korrekt versammelt und versucht, sich der anstrengenden Arbeit zu entziehen. Meistens fußen die Pferde mit dem inneren Hinterbein zu hoch ab, während das äußere nicht ausreichend abfußt und regelrecht am Boden klebt. Bei einigen Pferden gibt sich diese Problematik im Laufe der Übungseinheiten ganz von selbst. Das extrem hohe Abfußen ist sehr anstrengend und viele Pferde stellen von selbst fest, dass sie sich selbst die Arbeit damit erschweren. Geht das zu hohe Abfußen innen jedoch mit einem nicht abfußenden oder nach hinten raustretenden äußeren Hinterbein einher, muss zur Korrektur das äußere Hinterbein touchiert werden. Wie im Kapitel »Touchierpunkte« beschrieben, wird immer von hinten touchiert und nicht von vorne.

Hinterhand fußt ungleich ab

Ungleich abfußende Hinterhufe können darauf hindeuten, dass das Pferd noch nicht geradegerichtet ist. Ein weiterer Grund für das ungleiche Abfußen kann die fehlende Kraft in dem jeweiligen Hinterbein sein. Für die Korrektur ist darauf zu achten, dass das Pferd geradegerichtet ist (siehe Kapitel »Einschwingen in Richtung Piaffe«), die Schulter also nicht in Richtung Bande ausweicht und korrekt auf die Hinterhand eingespurt ist. Das weniger arbeitende Hinterbein wird nun durch gezieltes Berühren mit der Touchiergerte zu einem vermehrten Abfußen aufgefordert. Handelt es sich bei dem weniger arbeitenden Hinterbein um das äußere, wird es von hinten nachtouchiert (siehe auch Kapitel »Touchierpunkte«). Jeder kleine Ansatz zu einem vermehrten Abfußen des weniger aktiven Hinterbeins wird gelobt und durch eine Pause belohnt. Bei allen Korrekturen muss der Ausbilder mit einem klaren inneren Bild des zu erzeugenden korrekten Bewegungsablaufes arbeiten. Bei der hier notwendigen Korrektur stellt man sich ein deutliches Abdrücken des betroffenen Hinterbeins vor. Bei von Natur aus besonders schiefen und körperlich schwachen Pferden kann die Korrektur dieses Problems einen langen Zeitraum erfordern. Dem Pferd ausreichend Zeit einzuräumen, um die notwendige Kraft zu entwickeln, ist entscheidend.

Hinterhand fußt nicht ausreichend ab

Oft sieht man Fotos von Piaffen, auf denen das Pferd zwar einen vermeintlich diagonalen Bewegungsablauf zeigt, bei genauerem Hinsehen wird aber deutlich, dass die Hufspitzen der Hinterhand noch am Boden kleben. Solche Bewegungsabläufe haben mit einer Piaffe nichts zu tun. Es handelt sich nur um ein Zerrbild dieser eigentlich schönen Lektion. Am Boden klebende Hinterhufe zeigen, dass der Piaffe das Vorwärts und der positive Spannungsbogen fehlt. Die Korrektur dieses Fehlers muss wieder über das Vorwärts erfolgen. Die Piaffe wird bei diesen Pferden in einem deutlichen Vorwärts abgefragt und die Hinterhand über die Touchierhilfen zu einem deutlichen Abfußen angeregt. Erst wenn der richtige diagonale Bewegungsablauf wieder hergestellt ist, kann die Piaffe mehr am Platz ausgeführt werden. Sehr häufig zeigen Pferde mit dieser Problematik auch keinen versammelten Schritt im klassischen Sinn, sondern einen zögerlichen, verhaltenen Schritt mit festem Rücken. Die im Kapitel »Erste Schritte – Vorbereitende Übungen« dargestellte Aufgabe »Tempounterschiede im Schritt« ist für diese Pferde empfehlenswert.

Pferd ist über Tempo

Pferde mit dieser Problematik zeigen keine ruhigen, taktklaren Piaffetritte, sondern zappeln über Tempo in untaktmäßigen Bewegungen. Sehr häufig ist dieser Fehler bei Pferden iberischen Ursprungs anzutreffen. Diese Pferderassen sind nicht auf taktmäßiges Schwingen, sondern auf schnelle Wendigkeit gezüchtet. Bei falscher Vorgehensweise geraten diese Pferde sehr schnell aus dem Takt und werden hektisch. Häufig wurden sie auch von unseriösen Verkäufern im Schnellverfahren »anpiaffiert«. Diese Art der Ausbildung erzeugt leider nur einen Bewegungsablauf, der sich recht gut mit »Angst auf der Stelle« bezeichnen lässt und mit einer Piaffe nichts zu tun hat.

Zur Korrektur müssen diese Pferde im ersten Schritt ruhig werden und wieder zur Losgelassenheit finden. Die Arbeit an der Piaffe mit aufgeregten, nicht losgelassenen Pferden ist nicht möglich. Eine ruhige Körpersprache des Ausbilders ist entscheidend. Es ist zu beachten, dass der Mensch nicht die überschießende Energie seines vierbeinigen Schülers in sich aufnimmt. Die Arbeit im gelassenen Zeitlupen-Schritt und der Erhalt einer ruhigen Arbeitsatmosphäre sind wichtig. Oft wollen sich Pferde mit dieser Problematik auch nicht touchieren lassen, sei es aus Angst aufgrund von schlechten Erfahrungen oder aufgrund der Feinnervigkeit. Sie müssen lernen, punktgenau auf die Einwirkung der Touchiergerte zu reagieren. Übertriebenes Zappeln, um der Berührung mit der Gerte zu entgehen, muss vom Ausbilder ausgeblendet werden. Es geht bei der Arbeit darum, erst dann zu loben, wenn das Pferd ganz exakt auf die Berührung mit der Gerte reagiert hat. Der ruhige Rhythmus der Piaffe wird permanent durch die schwingende Touchiergerte vorgegeben. Reagiert das Pferd einmal korrekt, wird sofort gestoppt und gelobt. Wird diese Vorgehensweise ruhig und konsequent fortgeführt, ergibt sich die ruhige Piaffe wie von selbst.

Lässt sich das Pferd trotz entspannter Körpersprache nicht beruhigen, kann es sinnvoll sein, die überschüssige Energie zuerst durch Arbeit unter dem Sattel oder durch Ablongieren abzubauen.

Pferd verhält sich

Die Basis für eine korrekte Piaffe ist eine ausreichende Vorwärtstendenz. Die Korrektur der fehlenden Vorwärtstendenz ist bereits im Abschnitt »Schulter nicht ausreichend angehoben« beschrieben worden.

Genick zu tief

Wie im Kapitel »Einschwingen in Richtung Piaffe« beschrieben, ist das stets als höchster Punkt positionierte Genick eine Grundbedingung. Einige Pferde versuchen sich, der kraftanstrengenden Lastaufnahme der Hinterhand zu entziehen, indem sie das Genick tiefer bringen möchten. Diese Versuche sind sofort durch Aufwärtsparaden am Kappzaum zu unterbinden. Entscheidend ist auch hier wieder die richtige Körpersprache des Ausbilders. Der Ausbilder muss darauf achten, dass er das Kleinerwerden des Pferdes in der Vorhand körpersprachlich nicht aufnimmt und möglicherweise selbst im Oberkörper einsackt. Ein gut aufgerichteter Oberkörper, der aus dem Brustbein nach oben wächst, ist stets zu erhalten und gibt dem Pferd körpersprachlich das Anheben des Widerrists vor.

Genick zu hoch

Ein weiteres mögliches Problem ist das absolut aufgerichtete Pferd. In diesen Fällen ist das Genick zu hoch aufgerichtet und wird nicht von der entsprechenden Hankenbeugung begleitet. Im Gegensatz zum zu tief kommenden Genick wird das zu hohe Genick nicht aktiv am Kappzaum nach unten korrigiert. Die Korrektur erfolgt in diesem Fall ausschließlich über die Hinterhand. Pferde mit einem absolut aufgerichteten Genick drücken ihren Rücken in ein Hohlkreuz und die Hinterhand arbeitet in diesen Fällen nach hinten hinaus. Die Hinterhufe fußen nicht korrekt nach vorne-oben ab. Der Ausbilder muss über die Touchierhilfe das Pferd auffordern, die Fesselgelenke wieder deutlich zu winkeln und mit der Hinterhand nach vorne-oben abzufußen. Wie bei allen Korrekturen muss der Ausbilder ein klares inneres Bild des zu erzeugenden, korrekten Bewegungsablaufs haben, um diesen auf das Pferd zu übertragen. Grundsätzlich hat der Ausbilder auch stets darauf zu achten, dass er das Pferd nicht selbst versehentlich absolut aufrichtet. Das Genick ist zwar immer der höchste Punkt, muss aber mit der Versammlungsfähigkeit des Pferdes einhergehen. Wie bereits im Kapitel »Einschwingen in Richtung Piaffe« erwähnt, kommt man im Laufe der Ausbildung von einer eher flacheren zu einer mehr versammelten Oberlinie.

Pferd stürmt nach vorne

Bei diesen Pferden ist durch deutliches Abparieren am Kappzaum darauf zu bestehen, dass sie den Ausbilder nicht überholen dürfen. Wie im Kapitel »Schritt führen & Abparieren« beschrieben, ist das Gelingen dieser Basisübung eine der Grundvoraussetzungen für eine erfolgreiche Arbeit an der Hand. Versucht das Pferd immer wieder nach vorne zu stürmen, ist die Arbeit an der Piaffe zu unterbrechen und das Abparieren muss wieder geübt werden. Erst wenn sich das Pferd erneut im ruhigen versammelten Schritt sowie im Mittelschritt führen und sich mit leichtester Einwirkung am Kappzaum parieren lässt, wird die Arbeit an der Piaffe wieder aufgenommen.

Pferd entzieht sich nach hinten

Hat ein Pferd die Tendenz, sich nach hinten zu entziehen, muss es umgehend korrigiert werden. Oft haben diese Pferde bereits schlechte Erfahrungen durch zu harte Handeinwirkungen gemacht. Besonders sehr sensible und temperamentvolle Pferde können bei falscher Behandlung mit diesem Fehlverhalten beginnen. Es handelt sich in der Regel um eine Stressreaktion. Pferde mit diesem Problem sind extrem hinter den Hilfen, da sie keine ausreichende Vorwärtstendenz mehr haben. Ein Sich-nach-hinten-Entziehen ist häufig die Vorstufe zum Steigen. Genauso wie unter dem Sattel muss auch bei der Arbeit an der Hand die vorwärtstreibende Hilfe funktionieren. Versucht das Pferd sich nach hinten zu entziehen, muss es umgehend nach vorne korrigiert werden. Hier wird wieder mit der Touchiergerte auf Höhe des Kniegelenks eingewirkt. Jeder kleine Ansatz einer wieder auftauchenden Rückwärtstendenz muss sofort durch Treiben korrigiert werden. Reagiert das Pferd auf die vorwärtstreibende Hilfe, wird überschwänglich gelobt. Bei diesen Pferden kann es sinnvoll sein, Sequenzen im Mittelschritt einzubauen, um wieder einen ausreichenden Zug nach vorne zu bekommen. Erst wenn der Ausbilder das deutliche Gefühl hat, dass das Pferd nach vorne an Kappzaum und Gebiss herantritt, darf weiter an der Piaffe gearbeitet werden.

Pferd reagiert zu langsam

Ein häufiges Problem ist die zu langsame Reaktion des angefragten Hinterbeins. Aufgrund der fehlenden Kraft fußen die Hinterhufe zu zögernd ab. Die Korrektur erfolgt wieder über die Touchierhilfe. Durch ein lebendigeres Auffordern mit der Touchiergerte wird das Pferd zu einem flinkeren Abfußen veranlasst. Bei diesen Pferden ist wieder das klare, innere Bild und der Energielevel des Ausbilders entscheidend. Über das Touchieren ist der Rhythmus der Piaffe zu erzeugen, der mit einem lebendigen Abfußen verbunden ist. Der Einsatz der Stimmhilfe in Form eines Schnalzens kann ebenfalls helfen, um die Reaktion der Hinterhand lebendiger zu machen. Es kann außerdem hilfreich sein, den Einsatz der Touchiergerte zu variieren. Einige Pferde reagieren auf direkte belebende Einwirkungen der Touchierspitze, wohingegen andere Pferde auf ein Zwitschern der Gerte ohne Berührung besser reagieren.

Pferd lässt sich nicht touchieren und reagiert voreilig

Diese Problematik wurde bereits im Unterpunkt »Pferd ist über Tempo« beschrieben.

Pferd fußt nach hinten raus

Das zu weit nach hinten herausarbeitende Pferd wurde bereits im Unterpunkt »Genick zu hoch« beschrieben. Häufig fußen diese Pferde auch zu breit. Die Korrektur erfolgt wie im erwähnten Unterpunkt beschrieben.

Pferd reagiert zu langsam/ reagiert nicht auf Touchierhilfe

Grundsätzlich sollte bei phlegmatischen Pferden zunächst ausgeschlossen werden, dass gesundheitliche Gründe die fehlende Reaktion bedingen. Ist dies abgeklärt, können belebende Trab-Schritt-Übergänge, die ebenfalls in den vorbereitenden Übungen beschrieben sind, die Reaktionsgeschwindigkeit erhöhen.

Reagiert das Pferd nicht auf die Touchierhilfe, sollte die vorbereitende Übung »Hinterbeine anheben« (siehe Kapitel Erste Schritte – Vorbereitende Übungen) in das Training aufgenommen werden.

Tellern oder Schnüren

Hier handelt es sich um grobe Taktunreinheiten, die zum Teil schwer zu korrigieren sind. Beim sogenannten »Tellern« beschreibt das Pferd mit Vor- oder Hinterhand kreisförmige Ausweichbewegungen. Beim »Schnüren« spuren die Vor- oder Hinterhufe so eng, dass die Vor- oder Hinterhand zu kreuzen beginnt. Beide Fehler sind auch wieder in der fehlenden Vorwärtstendenz zu suchen und entsprechend zu korrigieren.

Gefahren

Ein korrekt an der Hand gearbeitetes Pferd wird unter dem Sattel besser. In der Regel fühlt der Reiter, dass das Pferd nach der Arbeit an der Hand schön gesetzt ist und einen guten Zug nach vorne hat. Sollte sich das Pferd nach der Arbeit an der Hand verhalten und kürzere Schritte, Tritte oder Sprünge machen, ist umgehend die eigene Vorgehensweise zu überdenken. Die Entwicklung der Piaffe ist für das Pferd eine extrem anstrengende Übung. Es ist stets darauf zu achten, dass sich das Pferd hierbei nicht erregt und sich möglicherweise im Rücken festhält. Ist dies bei der Arbeit an der Hand passiert, kann es zu deutlichen Rückschlägen unter dem Sattel kommen. In diesem Fall muss der Handarbeiter neu überlegen und eine andere Lösung finden. Bei der Arbeit an der Hand sind immer die Losgelassenheit und der Zug nach vorne zu erhalten. Erregt sich das Pferd oder macht es sich zu kurz im Schritt, ist wieder das Vorwärts herzustellen. Hierzu führt der Ausbilder wie oben beschrieben das Pferd so lange im Mittelschritt, bis es im Rücken loslässt und das Vorwärts wieder hergestellt ist.

9.

Fortgeschrittene Übungen

Ist das Pferd in der Lage, ruhig und ohne ständige Korrekturen seitens des Ausbilders eine Reihe von richtigen Piaffetritten zu zeigen, ist es an der Zeit, die fortgeschrittenen Übungen zu beginnen.

Piaffe auf beiden Händen

Wie bereits im Kapitel »Diagonalisieren des Schritts« erwähnt, schult man das Pferd zunächst ausschließlich auf einer Hand, ohne die Hand zu wechseln. Folgende Zitate von Egon von Neindorff betreffen genau dieses Thema:

»Festigt man das Pferd in dieser Grundlage zunächst auf einer Hand, so erspart man ihm die Umstellung auf etwas wiederum Neues, ehe das eben Gelernte bis zur zwanglosen Ausführung sicher gelingt. Man hat dann auch Zeit zur allmählichen Steigerung, ohne das Pferd zu verwirren.«[41]

»Bei versammelnder Arbeit verlangt anfangs jeder Handwechsel vom Pferd viel mehr Umstellen als in lösender; an der Hand kann und soll man also auf gerader

[41] *von Neindorff, Egon, Die reine Lehre der klassischen Reitkunst, S. 263*

Die Piaffe an der Hand kann später auf beiden Händen abgefragt werden.

Linie die ersten Übungen ohne Handwechsel bis zu zwangloser Korrektheit festigen, ehe man sie auch auf der anderen Seite vornimmt.«[42]

[42] *von Neindorff, Egon, Die reine Lehre der klassischen Reitkunst, S. 258*

Das Abfragen der Piaffe auf der anderen Hand ist eine neue Herausforderung. In der Regel beginnt man mit links und geht dann auf die rechte Hand. Der Ausbilder wird nach dem Handwechsel feststellen, dass sich sein Pferd erst an diese neue Perspektive gewöhnen muss. Es ist durchaus möglich, dass die Piaffe auf der rechten Hand zunächst gar nicht gelingt. Sie sollte aber mit konsequentem Üben und der beschriebenen Technik ebenfalls bald abrufbar sein.

Veränderungen im Vorwärts

Genauso wie die Tempovariationen innerhalb der Grundgangarten, schulen die Variationen im Vorwärts auch bei der Piaffe die Balance des Pferdes und verbessern die Hankenbeugung. So ist zum Beispiel bei der Arbeit unter dem Sattel jedes Zurückführen vom Arbeitstrab in den versammelten Trab eine Forderung von Hankenbeugung. Das Zulegen innerhalb der Gangart ist ein Training der Schubkraft, da sich das Pferd wieder vermehrt abstoßen muss.

Dieses Abfragen von noch stärkerer Hankenbeugung erzielt der Ausbilder ebenfalls mit der Reduktion des Vorwärts in der Piaffe. Ein vermehrtes Piaffieren am Platz erfordert größere Kraft in den drei großen Gelenken der Hinterhand.

Das nun korrekt und taktklar an der Hand piaffierende Pferd wird bei der in diesem Kapitel beschriebenen Übung aufgefordert, die Piaffe noch mehr am Platz auszuführen bzw. mehr vorwärts zu piaffieren. Soll das Pferd mehr am Platz piaffieren, muss der Ausbilder körpersprachlich darauf achten, dass er sich nur noch minimal mit winzig kleinen Schritten vorwärts bewegt und durch feines Abparieren am Kappzaum den Raumgewinn so gering wie möglich gestaltet. Beim Zurückführen in der Piaffe ist stets darauf zu achten, dass das Pferd nicht überfordert wird. Das vollkommen ausgebildete Pferd fußt maximal eine halbe bis eine ganze Hufbreite je Piaffetritt vorwärts. Es ist immer zu bedenken, dass diese Piaffe am Platz jedoch nicht von heute auf morgen erreicht werden kann und sich in der Regel über einen Zeitraum von mehreren Jahren entwickelt. Ist das Zurückführen gut gelungen, wird das Pferd in der Piaffe wieder mehr vorwärts gelassen. Hierzu geht der Ausbilder selbst wieder etwas deutlicher vorwärts und lässt den gewünschten Raumgewinn zu. In der Regel kommt das Pferd schon willig mit, da das Zulassen des Mehr an Vorwärts schon als Belohnung empfunden wird. Sollte sich das Pferd verhalten, und nicht auf den mehr vorwärtsgehenden Ausbilder reagieren, ist umgehend mit der Touchiergierte nachzutreiben. Jede korrekte Reaktion auf das Zurückführen und auch auf das Zulegen wird wieder überschwänglich gelobt. Auch hier ist die Pause eine zusätzliche Belohnung zu Futter- und Stimmlob.

Piaffe auf der Mittellinie

Das Gelingen der Veränderungen im Vorwärts ist auch ein Prüfstein, ob die Ausbildung korrekt erfolgt ist. Ein richtig ausgebildetes Pferd hat stets den Willen, nach vorne an die Hand des Ausbilders heranzutreten.

Auf der Mittellinie

Eine weitere Herausforderung in der Ausbildung ist das Ausführen der Piaffe auf der Mittellinie. Da hier der begrenzende Effekt der Bande komplett wegfällt, ist es an dieser Stelle der Reitbahn deutlich schwieriger, die Piaffe abzufragen. In der Regel versuchen die Pferde bei dem ersten Abwenden auf die Mittellinie umgehend mit der Kruppe auszuweichen. Hier wird zu Beginn zunächst ein weiterer Helfer benötigt, der mit einer Touchierpeitsche das Pferd von der anderen Seite gerade hält. Auch bei dieser Übung werden zunächst nur ganz kurze Sequenzen in der Piaffe abgefragt und bei richtigem Verhalten des Pferdes sofort durch Pause und Lob bestätigt. Wie bei dem ersten Handwechsel kann es auch hier sein, dass abhängig von der Erregbarkeit des Pferdes, dieser neue Ort zunächst zu einer schlechteren Piaffe führt. Es gilt wiederum, ruhig so lange zu üben, bis die Piaffe in der gleichen Qualität wie an der Bande gezeigt wird. Der weitere Helfer muss meistens nicht lange unterstützen, da das gut vorbereitete Pferd recht schnell versteht, dass es auch auf der Mittelinie gerade bleiben muss. Selbstverständlich ist permanent darauf zu achten, dass die Piaffe absolut gerade auf der Mittellinie ausgeführt wird.

Piaffepirouette

Eine weitere fortgeschrittene Übung ist die Piaffepirouette. Es wird zunächst die Piaffe mehrmals hintereinander ruhig auf der Mittellinie abgefragt. Jetzt dreht sich der Ausbilder in Richtung Pirouette und treibt das Pferd ruhig mit. Während der Wendung muss der Ausbilder beachten, dass er wie immer mit dem Kappzaum genau den Kopf des Pferdes positioniert. Das Pferd wendet um den Ausbilder. Der Ausbilder dreht sich komplett am Platz in fließenden, kleinen Minischritten. Auch hier wird zu Beginn bereits nach einer Viertel-Pirouette pausiert und gelobt. Wird das Pferd nervös und versucht es wegzustürmen, wird sofort zum Schritt durchpariert, jedoch weiter gewendet. Das Pferd muss lernen, dass es sich aus der gewünschten Wendung nicht entziehen kann. Nach einigen Schritten seitwärts wird pausiert, gelobt und es wird wieder kurz die Piaffe abgefragt. Im Wechsel zwischen Piaffe am Platz und kleinen Piaffe-Sequenzen in der Wendung wird so nach und nach die volle Pirouette entwickelt.

Piaffepirouette

Überleitung zur Piaffe unter dem Sattel

»Darum sollte man auf noch werdenden Dressurpferden die Piaffe unter dem Reiter erst versuchen, wenn sie das Pferd reiterlos an der Hand schon kann. Das heißt: wenn es an der Hand ohne Reiterlast schon zwangslos in Piaffetritte übergeht und sie ohne übermäßiges Vortreten schon nach einmaliger Aufforderung in mehreren diagonalen Trittfolgen beibehält.«[43]

Dieses Zitat von Egon von Neindorff beschreibt recht gut, wann der Zeitpunkt gekommen ist, die Piaffe auch unter dem Sattel in das Training aufzunehmen. Hier gilt wieder der Grundsatz, dass dem Pferd die Zeit gegeben werden soll, die es benötigt. Es sollte aber ebenfalls keine Zeit verschwendet werden. Dies bedeutet für das Training Folgendes: Sobald das Pferd wie oben beschrieben mühelos, ohne permanente Korrektur des Ausbilders, mehrere Piaffetritte hält, ist es an der Zeit, die Piaffe mit aufgesessenem Reiter in die Ausbildung aufzunehmen.

Zur Gewöhnung an das Reitergewicht sollte wie folgt vorgegangen werden. Zunächst wird das Pferd wie gewohnt gewichtslos an der Hand in der Piaffe gearbeitet. Diese Sequenz sollte nicht zu lang gestaltet werden, damit das Pferd noch ausreichend Kraft für die folgende Arbeit mit Reitergewicht hat. Die Ausbinder werden nun ausgeschnallt und der Reiter sitzt auf. Bei der Arbeit mit Reiter werden die Ausbinder nun unterhalb der Zügel verschnallt. Die Zügel liegen jedoch nach wie vor lose auf dem Hals. Der Reiter sitzt im Sattel und hält sich mit der rechten Hand am Vorderzwiesel fest. Die linke Hand hängt locker hinter dem Oberschenkel herunter. Der Reiter verhält sich passiv und sollte in der Lage sein, störungsfrei und korrekt zu sitzen. Das Pferd wird nun wie gewohnt an der Hand vom Ausbilder zur Piaffe aufgefordert. Bis das Pferd die Kraft und Geschicklichkeit entwickelt hat, die Piaffe auch mit Reitergewicht in der gleichen Qualität wie ohne Reiter zu zeigen, wird es wieder einige Übungseinheiten erfordern. Ein Rückschritt in

[43] *von Neindorff, Egon, Die reine Lehre der klassischen Reitkunst, S. 271*

Die Piaffe wird mit Reiter abgefragt.

der Qualität der Piaffe an der Hand ist zu diesem Zeitpunkt nicht ungewöhnlich. Es wird in den folgenden Trainingseinheiten solange geübt, bis die Piaffe genauso gut gezeigt wird, wie bei der gewichtslosen Arbeit.
Im nächsten Schritt wird das Pferd mit frei reitendem Reiter zur Piaffe aufgefordert. Wurde das Pferd über die im Kapitel »Arbeit an der Hand mit zwei Ausbildern« beschriebene Arbeit an den hinten stehenden Ausbilder vorbereitet, kann wie gewohnt mit dem Auffordern durch die Touchiergerte begonnen werden. Kennt das Pferd jedoch nur die übliche Arbeit an der Hand mit dem vorne stehenden Ausbilder, muss das Pferd zunächst mit aufgesessenem Reiter an den hinten positionierten Ausbilder gewöhnt werden. Der Ausbilder geht dafür in Richtung Kruppe, klopft das Pferd dort und spricht mit ihm. Nun entfernt er

Oberbereiter Andreas Hausberger unterstützt beim Ausführen der Piaffe.

sich von der Kruppe und streicht vorsichtig mit der Touchiergerte entlang der Hinterhand des Pferdes von der Kruppe abwärts. Vorsichtig beginnt man nun über die Touchierhilfe das Pferd zur Piaffe aufzufordern. Dem Reiter kommt jetzt die Rolle zu, das Pferd im versammelten Schritt an den Zügel zu stellen und es über die Schenkel gerade zu halten. Jeder kleinste Ansatz von diagonalen Tritten wird wieder überschwänglich gelobt. Es ist zu Beginn wieder vollkommen normal, dass die Piaffe noch nicht die gleiche Qualität hat wie bei der Arbeit an der Hand. Dies gilt es nun in den nächsten Trainingssequenzen mit dem Ausbilder am Boden zu erarbeiten.

Gelingt die Piaffe mit Reiter und dem vom Boden helfenden Ausbilder, wird der Reiter mehr und mehr die Piaffe selbst auslösen und sie selbstständig reiten. Die Korrekturen des Ausbilders am Boden erfolgen nur noch fallweise, bis der Reiter auch das möglicherweise notwendige Beleben eines Hinterhufes selbst durch Touchieren mit der Reitgerte vornehmen kann.

EXKURS:

Darf ein Pferd niemals mit dem Schweif schlagen?

Dieser Exkurs soll mit einer Textstelle von Alois Podhajsky begonnen werden:

»Diese volle Harmonie wird sich auch in der Art, wie das Pferd den Schweif trägt, widerspiegeln. Die Schweifrübe soll, als Verlängerung der Wirbelsäule, gerade verlaufen, sich allmählich nach unten wölben, also weder an die Hinterbeine gepresst noch schief getragen werden. Es soll keineswegs das Tragen des Schweifes überbewertet werden, doch darf der scharf beobachtende Reiter eine unruhige Schweifhaltung oder gar das Drehen und Schlagen des Schweifes nicht übersehen. In derartigen Erscheinungen findet die charakterliche Unausgeglichenheit, wie sie oft bei nervösen Pferden zu finden ist, genauso ihren Niederschlag wie das fehlende Gleichgewicht oder gewisse Versteifungen.«[44]

Der ruhig getragene Schweif ist das anzustrebende harmonische Idealbild beim ausgebildeten Pferd. Selbstverständlich gehören zur Dressurausbildung des Pferdes auch anstrengende Momente und es kann vorkommen, dass auch aus Anstrengung mit dem Schweif geschlagen wird. Wie von Podhajsky erwähnt, spielt zum einen das Interieur des Pferdes eine Rolle und zum anderen seine körperlichen Fähigkeiten. Liest man manche Artikel in den Social Media, in denen einem mit dem Schweif schlagenden Pferd per se Schmerzen unterstellt werden, kann man sich allerdings nur wundern und die Fachkompetenz des Verfassers in Frage stellen. Sehen sie zum Beispiel eine Grand Prix-Prüfung und das Reiter-Pferd-Paar zeigt insgesamt einen Ritt voller Harmonie, das Pferd schlägt bei einer Lektion (z.B. bei den Serienwechseln) mit dem Schweif, hält ihn aber ansonsten ruhig, ist dies kein Anzeichen von Pferdequälerei. Wird der Schweif allerdings in der ganzen Prüfung propellerartig gedreht und das Paar

[44] Podhajsky, Alois, Die Klassische Reitkunst, S. 163-164

zeigt auch sonst kein harmonisches Erscheinungsbild, ist das Schweifschlagen selbstverständlich negativ zu betrachten und vermutlich ein Anzeichen für zu viel Druck. Wichtig ist die Betrachtung des Gesamtbildes und wie immer ist die Welt nicht schwarz und weiß.

Als Beispiel möchte ich meinen Andalusier Pardo nennen. Pardo ist von Natur aus ein Pferd, das schnell nervös wird und sich dann bedrängt fühlt. Diese Veranlagung bringt er zum einen mit und zum anderen wird dies vermutlich auch mit seinen früheren Erfahrungen zusammenhängen. Die Serreta-Narben auf seinem Nasenbein zeugen von einem nicht zimperlichen Umgang seiner Vorbesitzer. Pardo zeigt wunderbare, taktklare Piaffen an der Hand, schlägt aber noch immer mit dem Schweif, wenn der Ausbilder vorne an seinem Kopf steht. Piaffiert man ihn unter dem Sattel oder am Langen Zügel hängt der Schweif komplett ruhig. Dieses Beispiel verdeutlich recht gut, dass in diesem Fall keine köperlichen Ursachen oder gar Schmerzen der Grund sind. Pardo fühlt sich schlicht durch den Ausbilder am Kopf eingezwängt. Dies äußert sich bei diesem feinen Pferd in dem unruhigen Schweif.
Wie in allen Bereichen der Reiterei ist es wichtig, das Gesamtbild zu betrachten. Schauen sie den Pferden außerdem ins Gesicht. Sie werden erkennen, ob es sich um Harmonie und feine Arbeit handelt.

10.

Weitere Einsatzmöglichkeiten

Arbeit an der Hand in der Rekonvaleszenz

Beherrscht das Pferd die Piaffe an der Hand, ist es für seine Rekonvaleszenz ein ganz hervorragendes Mittel, um wieder schonend aufgebaut zu werden. Dies gilt selbstverständlich nur für Pferde, die die Piaffe bereits vor ihrer Krankheit erlernt haben. Es ist nicht sinnvoll, einem Pferd nach einer Krankheit als erstes die Piaffe beibringen zu wollen. Als Wiederaufbautraining soll sie auch nur verwendet werden, wenn die ärztliche Freigabe nach der jeweiligen Krankheitsphase erfolgt ist. Hat der Veterinär grünes Licht für die Arbeit an der Hand gegeben, kann mit der Piaffe ganz hervorragend der Pferderücken ohne Reitergewicht geschult und die durch die Krankheit verschwundene Muskulatur wieder schonend auftrainiert werden.

Arbeit an der Hand für alte Pferde

Die Arbeit an der Hand ist für alte Pferde eine gute Möglichkeit, um sie bis ins hohe Alter fit zu halten. Irgendwann ist der Zeitpunkt gekommen, an dem man den Senior nicht mehr mit dem Reitergewicht belasten möchte. Einige Handarbeitsequenzen pro Woche sind ein wunderbares Rentnertraining. Sie halten auch die alten Pferde muskulär auf einem

Friesenhengst Kasper & Andrea Schmitz. Zum Zeitpunkt der Aufnahme war das Pferd 31 Jahre alt.

guten Niveau. Außerdem freuen sich die alten Pferde, wenn sie nicht von einem Tag auf den anderen auf das Abstellgleis gestellt werden und noch etwas von ihrem Können zeigen dürfen. Die Einheiten sind altersentsprechend zu gestalten. Stets ist zu bedenken, dass ein älteres Pferd eine längere Lösungsphase benötigt und tageweise altersbedingte Beschwerden haben kann. Hierauf ist immer Rücksicht zu nehmen.

Arbeit an der Hand mit Gangpferden

Auch ein Gangpferd kann die Piaffe lernen, hat es aber aufgrund seines Exterieurs schwerer. Es ist hinzuzufügen, dass Tölt und Trab klar getrennt voneinander abrufbar sein müssen. Wechselt das Gangpferd während der Trabarbeit in den Tölt, deutet dies auf noch nicht behobene Balanceschwierigkeiten hin.

Islandstute Stjarna in der Piaffe an der Hand

Genau wie bei den dreigängigen Pferden, muss die Remonteschule abgeschlossen sein. Das heißt für das Gangpferd, das alle vier Gangarten, der Rennpass ist hier nicht relevant, mit langer Oberlinie, bei klarem Takt und schwingendem Rücken abrufbar sein müssen.

Die Vorgehensweise zur Entwicklung der Piaffe ist wie bei den dreigängigen Pferderassen. Der Schritt wird ebenfalls diagonalisiert. Gebäudebedingt sind Gangpferde auf vermehrte Schubkraft und weniger auf Tragkraft gezüchtet. Es kann daher im Piaffetraining passieren, dass die Hinterhand ohne reelle Hankenbeugung zu weit untergeschoben wird. In diesen Fällen kann wie im Kapitel »Touchierpunkte« beschrieben, ein Touchieren auf der Kruppe sinnvoll sein, um die zu tief gesetzte Kruppe wieder anzuheben. Als Ausbilder sollte man

Islandstute Stjarna & Malike Juretzka zeigen, dass auch Gangpferde piaffieren können.

stets berücksichtigen, dass gebäudebedingt eine andere Veranlagung vorliegt. Die Vorgehensweise ist anzupassen und dem Pferd ist wie immer die Zeit einzuräumen, die es braucht. Auch für Gangpferde ist die Piaffe eine hervorragende Kraft- und Balanceschulung und trägt dadurch zu einer besseren Qualität des Tölts bei.

Piaffe am Langen Zügel

Wenn die Piaffe an der Hand und später auch unter dem Sattel ausgebildet ist, heißt es nicht, dass diese Lektion automatisch auch am Langen Zügel gelingt. Wie alle Lektionen am Langen Zügel muss auch die Piaffe erst geübt werden. Die Arbeit am Langen Zügel gilt als Krönung der Ausbildung. In der Spanischen Hofreitschule in Wien werden die Hengste erst im Alter von ca. 12 bis 15 Jahren erstmals am Langen Zügel geschult. Sie sind zu diesem Zeitpunkt unter dem Sattel bis zur Hohen Schule ausgebildet und beherrschen die Schulquadrille in Perfektion. Ein Pferd am Langen Zügel zu führen, erfordert ein Höchstmaß an Vertrauen zwischen Ausbilder und seinem Pferd. Für die Kommunikation gibt es nur den Langen Zügel. Gewichts- und Schenkelhilfen fehlen. Oberbereiter Andreas Hausberger sieht in dieser Art der Arbeit die höchste Schwierigkeitsstufe der Pferdeausbildung. Für die Piaffe am Langen Zügel ist es hilfreich, wenn das Pferd ein Stimmkommando für den Beginn dieser Lektion erlernt hat.

Das Pferd wird nun am Langen Zügel zum Halt pariert und das bekannte

Andalusier Pardo in einer vorbildlichen Piaffe am Langen Zügel

Stimmkommando wird gegeben. Idealerweise bietet das Pferd sofort die gewünschten Piaffetritte an. Es ist jedoch nicht ungewöhnlich, dass es auch hier zuerst einen Rückschlag gibt und die Piaffe am Langen Zügel eine deutlich schlechtere Qualität als die an der Hand oder unter dem Sattel hat. Über konsequentes Üben und vorsichtiges Touchieren durch den Ausbilder wird auch am Langen Zügel die Piaffe geformt. Am Langen Zügel verwendet der Ausbilder nur eine maximal 90 Zentimeter lange Gerte. Dies hat Sicherheitsgründe, da eine längere Gerte zu einem Verfangen im Schweif führen kann. Bedingt durch die kurze Gerte touchiert man am Langen Zügel das Pferd in Höhe der Hosenmuskulatur, also oberhalb des Sprunggelenks. In der Regel gewöhnen die Pferde sich aber schnell an diesen anderen Touchierpunkt, da sie ja bereits von der Arbeit unter dem Sattel die helfende Einwirkung der Gerte des Reiters kennen, die ebenfalls höher einwirkt als bei der Arbeit an der Hand.

Alegre

11.

Die Pferde im Portrait

Alegre

Alegre (Andalusier – Jahrgang 2002) kam 9-jährig als Berittpferd zu Andrea Schmitz und wollte bei ihr bleiben. Mit seinem freundlich-fröhlichen Wesen und dem rassetypisch-spanischen Temperament hat sich »Alegre« vom ersten Tag an in ihr Herz geschlichen. Über die Jahre gab es viele gemeinsame Ausflüge und Erlebnisse und Alegre entwickelte sich zu einem selbstbewussten und verlässlichen Partner. Neben seinen Solo-Auftritten in der prägnanten Rolle als »Pegasus«, freihändig geritten, zeigt er sich in weiteren verschiedenen Schaubildern.

Mit Alegre gestaltete sich die Arbeit an der Hand insofern etwas schwierig, weil er sich auf dem ersten Hufschlag an der Bande entlang eingeengt fühlte. Er verspannte sich, vor allem im Rücken, und bekam beim Anpiaffieren schnelle Füße. Ein schönes Schwingen durch lockeres An- und Abspannen der Muskulatur fehlte und Andrea Schmitz überlegte sich daher für Alegre einen anderen Weg.

Sobald sie auf den 3. oder 4. Hufschlag ging, wurde es besser. Alegre ließ sich leichter im Bewegungsrhythmus beruhigen, wenn sie ihn im Wechsel Schulterherein und Konter-Schulterherein gehen ließ. Mit dem abwechselnd Rechts-links-Schicken der Hinterhand konnte sie seitliches Übertreten der Hinterfüße verlangen, und bekam darüber mehr Ruhe im Abfußen.

Auch die Position der Kruppe ließ sich besser bestimmen, so dass in der Folge das Anpiaffieren auf jeder beliebigen Linie möglich wurde, ohne Anlehnung an die Bande. Alegre ist ein sehr kooperatives Pferd, das sich immer bemüht, alles richtig zu machen. Für ihn ist es wichtig, dass man seine »wunden Punkte« kennt, seine Sorgen ernst nimmt und ihn rücksichtsvoll behandelt. Früher hat er auch in anderen Situationen mit Spannung reagiert, wie z.B. beim Anbinden an der Wand, beim Verladen, beim Durchreiten von Pfützen. Lässt man ihm die Zeit, die er braucht, und gibt man ihm das Gefühl, dass man auch mit Plan B oder Plan C zufrieden ist, dann bleibt Alegre gelassen genug, um seine Aufgaben zu bewältigen.

Kasper

Friesenhengst Kasper (1986–2017) kam 4-jährig aus Holland zu Familie Edelhoff/Iserlohn. Er passte damals nicht zu dem zweiten Friesen im Gespann und wurde daher verkauft. Bei der neuen Besitzerin wurde es schwierig aufgrund Kaspers ausgeprägtem Hengstcharakter, und so kam er 5-jährig für zwei Jahre in Ausbildung zu Richard Hinrichs. Dort wurde Kasper ausgebildet bis zur Hohen Schule. Kasper wurde 1993 an Tina und Franz Althoff verkauft. Im Zirkus Williams-Althoff wurde er integriert in die Friesen-Freiheitsdressur. Von 1996 bis 2004 war er auf der »Zauberwald«-Tournee. Mit Ende der Zauberwaldzeit kam Kasper in einen Aachener Pensionsstall. Er zeigte so ein starkes Hengstverhalten, dass Tina bei Andrea Schmitz anrief. Sie überlegten gemeinsam, was für Kasper und alle Beteiligten die beste Lösung sein könnte. Kastration eines 18-jährigen Friesen oder Stallwechsel? Andrea hatte schon immer eine positive Beziehung zu Kasper, den sie über die Jahre im Zauberwald gut kennengelernt hatte. So kam Kasper mit 18 Jahren zu Andrea, die seinerzeit mit ihren Pferden bei Richard Hinrichs stand, und hier die Rahmenbedingungen auch

Kasper

für dominante Hengste gegeben waren. Bis zum 26. Lebensjahr konnte Kasper als »tragende Säule« aller Veranstaltungen vielseitig eingesetzt werden. Ab seinem 26. Lebensjahr wurde Kasper gelegentlich noch von leichtgewichtigen Kindern geritten, ansonsten fit gehalten mit Arbeit an der Hand und am Langen Zügel. Kasper wurde 31 Jahre alt.

Pardo

Pardo (Andalusier - Jahrgang 1998) kam als 11-jähriges Korrekturpferd zu mir. Seine damalige Besitzerin hatte ihn abgeben, da er sehr schreckhaft war und ständig scheute. Seine bevorzugte Haltung war der angehobene Kopf und ein extrem weggedrückter Rücken bei kurzen, sehr gebundenen Gängen. Die Themen Takt, Schwung, Losgelassenheit und Anlehnung waren bei ihm die große Herausforderung. Pardo wurde konsequent neu ausgebildet. Das hieß für ihn das Erarbeiten einer langen Oberlinie im Schritt, Trab, Galopp, um seinen Rücken zu lösen und ihm das taktmäßige Schwingen beizubringen. Der Spanische Schritt war für seine verspannte Schulterpartie eine wunderbare Gymnastik. Die Piaffe war zu Beginn sehr problematisch, da er wie bei allem Neuen auch hier furchtbar hektisch war. Mittlerweile entspannt er sich in der Piaffe und freut sich, wenn er dieses geniale Rückentraining absolvieren darf. Parallel zur Arbeit unter dem Sattel wurde Pardo natürlich auch an der Hand gearbeitet. Während einer längeren Reitpause im Jahr 2011, wir mussten auf einen neuen Sattel warten, entdeckte ich sein großes Talent für die Arbeit am Langen Zügel.

Pardo

Für dieses ehemals sehr schüchterne Pferd war es eine große Mutprobe, am Langen Zügel ohne seine Ausbilderin alleine voraus zu gehen. Mittlerweile geht er auch in großen Messehallen gelassen in Schaubildern am Langen Zügel. Die Piaffe beherrscht er heute auch am Langen Zügel.

Pluto Troja

Pluto Troja ist ein im Bundesgestüt Piber gezogener Lipizzaner und kam im Mai 2017 als mein Nachwuchspferd zu mir. Er ist in 2012 geboren und erhielt das erste Jahr seiner Ausbildung an der Spanischen Hofreitschule in Wien. Dort wurde er auch in der Vorführung unter dem Programmpunkt »Junge Hengste« vorgestellt.

Ich durfte ihn im April 2017 zwei Tage lang im Trainingszentrum Heldenberg kennenlernen. Hierfür gilt mein großer Dank meinem Ausbilder Oberbereiter Andreas Hausberger. Dieses Pferd ist mein absoluter Traum und er macht mir so viel Freude. Sehr beeindruckend sind seine Balance, seine Kraft und sein Arbeitswille. Pluto Troja lernt neue Dinge mit Leichtigkeit. Er piaffiert mittlerweile schön an der Hand und wir haben nun auch begonnen, die Piaffe ganz vorsichtig mit aufgesessenem Reiter zu üben.

Pluto Troja

Stjarna vom Steinadlerhof

Stjarna vom Steinadlerhof

Stjarna (Isländer – Jahrgang 1997) wurde im Alter von fünf Jahren gekauft. Sie war damals ein halbes Jahr unter dem Sattel und war noch recht unbalanciert. Als Fünfgängerin beherrschte sie zu diesem Zeitpunkt leider nur den Pass.

Alle Gangarten waren sehr verspannt und sie lag schwer auf der Hand. Trab und Galopp waren zu Beginn selbst freilaufend nicht möglich. Die Dressurarbeit hat sie über die Jahre schön im Widerrist gehoben, so dass sie mit feiner Hand auf Trense zu reiten ist. Der Trab ist gut und schwingend geworden und auch der Galopp ist für eine Fünfgängerin sehr ordentlich.

Der Tölt war sehr, sehr lange problematisch, da sie nur Schlechtes mit dieser Gangart verband. Die Reaktion war für einen langen Zeitraum noch immer, dass sie sich auf dem Trensenstück festbiss und verspannte. Mit zunehmender Balance wurde aber die vierte Gangart immer taktklarer und auch den Tölt zeigt sie nun locker und losgelassen. Am Ende ist durch die klassische Ausbildung aus dem sehr verspannten Fünfgänger eine balancierte Islanddame geworden.

Stjarna gehört seit 2016 ihrer früheren Reitbeteiligung Malike Juretzka.

Teetje

Friesenhengst Teetje (Jahrgang 2006) kam zweijährig aus Hamburg zu Antje Kötters und war von Haus aus mit einem strahlenden Selbstbewusstsein ausgestattet. Die folgenden zwei Jahre durfte er mit Offenstallkumpel Lusitanohengst Bravio (mit dem er heute noch zusammen wohnt) das Junghengstleben genießen und wurde ab dem vierten Jahr behutsam an Handarbeit, Doppellonge, Longe und Sattel gewöhnt.

Von Anfang an war er beim Reiten zwar brav, kein bocken u.ä., ließ sich aber kaum davon abbringen, die mangelnde Balance über Geschwindigkeit auszugleichen. Durch sein sehr starkes Interieur hat er oft versucht, selbst zu entscheiden, was gut für ihn ist.

Auch die Arbeit mit ihren Trainern hat Antje Kötters zu diesem Zeitpunkt nicht weitergeholfen. Frustriert hat sie mit Teetje, nach Jahren voller Versuche mit Rückschlägen, nochmal alles auf Anfang gestellt. Teetje ging drei Monate ausschließlich auf die Weide. Bei Wiederaufnahme des Trainings wurde er gearbeitet wie eine rohe, junge Remonte. Die Arbeit erfolgte zum großen Teil gewichtslos. Doppellonge und Seitengänge an der Hand gehörten zum Repertoire. Unter dem Sattel wurde er zu diesem Zeitpunkt sehr wenig gearbeitet. Die Arbeit mit Reiter beschränkte sich größtenteils auf die Gangart Schritt.

Nach zwei Jahren Geduldstraining war Teetje dann so stabil, dass Antje Kötters sich traute wieder einen Kurs zu besuchen, damals mit Oberbereiter Andreas Hausberger. Er gab den Beiden die absolut passende Unterstützung damit sie sich weiter entwickeln konnten. Heute gehört zu Teetjes Stärken vor allem auch die Piaffe an der Hand und unter dem Sattel. Er geht mit ausgewählten Reitschülern im Unterricht und ist sehr leistungsbereit. Teetje hat seine innere und äußere Balance gefunden.

Teetje

Danke

Ein Buch über ein Thema der klassischen Dressur zu schreiben war immer mein Traum. Ich freue mich sehr, dass alle Menschen in meiner Umgebung immer an dieses Projekt geglaubt haben.

Mein Mann Matthias war sich immer sicher, dass es klappen wird. Er ist der größte Unterstützer meiner Reitschule und bestärkt mich stets in meinem Weg. Auch bei diesem Buchprojekt war er meine große Stütze, hat sich Teile während des Schreibens vorlesen lassen, meine Ideen angehört und natürlich vor Abgabe an das Lektorat den Text Korrektur gelesen.

Meinem Ausbilder Oberbereiter Andreas Hausberger danke ich für sein stets offenes Ohr. Er hat mich ebenfalls im Vorfeld immer bestärkt das Buchprojekt zu verfolgen. Während des Schreibens hat er meine unendlich vielen Fragen immer geduldig beantwortet.

Im Jahr 2018 bin ich mit meinen Pferden auf den Hof der Familie Wasserfuhr gezogen. Ich bin dem Schicksal sehr dankbar, dass ich Sabine und Ernst Walter Wasserfuhr begegnen durfte. Diese beiden lieben Menschen versorgen die ihnen anvertrauten Pferde mit so großer Fürsorge und auch die Zweibeiner fühlen sich wohl an diesem friedlichen Ort. Alle Fotoshootings für das Buch fanden im Stall Wasserfuhr statt. Danke an alle für die großartige Unterstützung.

Für die Fotobegleitung des Buches konnten wir Friederike Scheytt gewinnen. Friederike war mir mit ihrer Professionalität eine große Stütze. Die wunderbaren Fotos in diesem Buch sind eine große Freude und ein Beweis für Friederikes Können. Auf diesem Wege möchte ich auch Alexandra Klausmeyer und Alissa Keienburg für ihre Hilfe bei den Fotoshootings danken. Ohne solche Helfer wären diese Termine nicht möglich.

Mit einem Pferd wie meinem Pluto Troja braucht man vor solch bedeutenden Terminen auch weitere wichtige Menschen wie Manuela Jakob und Birgit Weber. Pluto Troja hat sich kurz vor dem einen Fototermin bei einer seiner wilden Spielattacken mal wieder den Rücken verrenkt. Tierphysiotherapeutin

Manuela und Heilpraktikerin Birgit haben den Bruchpiloten mit vereinten Kräften in Windeseile wieder fit gemacht. Dafür danke ich euch von Herzen.

Dass »meine« Stjarna bei dem Shooting dabei war, freut mich ebenfalls sehr. Mein Dank hierfür geht an die neue Besitzerin Malike Juretzka.

Weitere Fotos aus älteren Shootings wurden von Sven Cramer, Hans Kuczka und Mario Brenzel bereitgestellt. Ich danke euch, dass wir auch diese schönen Momente im Buch zeigen dürfen. Andrea Schmitz Pferde wurden von Janina Drießlein und Markus Fröhlich fotografiert. Vielen Dank, dass die Fotos im Buch verwendet werden dürfen.

Die ersten Gespräche für das Buch fanden im März 2019 auf der Equitana mit Claudia König statt. Sie hat mich als Programmleiterin des Verlages ganz wunderbar betreut und auch den Text lektoriert. Danke für die tolle Begleitung bei meinem ersten Buch. Es war eine schöne und aufregende Zeit.

Martina Stakenborg hat mir beim Kapitel »Loben« zum Thema »Streicheln oder Klopfen« sehr geholfen. Sie hat mir den wissenschaftlichen Text besorgt, den ich dringend suchte, um die beruhigende Wirkung des Klopfens zu belegen.

Ein großes Dankeschön geht auch an Andrea Schmitz und Barbara Welter-Böller, die mein Buch mit ihren Exkursen bereichert haben. Barbara hat den Biomechanik-Abschnitt kritisch gelesen und mir mit ihren tollen Erklärungen zu einem besseren Verständnis dieses Gebiets verholfen.

Meine liebe Kollegin Antje Kötters hat ihren tollen Friesenhengst Teetje für ein Fotoshooting zur Verfügung gestellt. Nun ist auch Teetje im Buch zu sehen. Liebe Antje, Du bist ein wunderbares Beispiel dafür, dass Zusammenarbeit und ein positives Miteinander auch unter Ausbildern möglich ist.

Jedes Buch braucht auch Testleser, die es ansehen bevor es an den Verlag abgegeben wird. Hier war nicht nur mein Mann Matthias fleißig, sondern auch Elke Beermann und Tanja Bührke. Danke für euren Einsatz und euer kritisches Feedback.

Andrea Lipp

November 2019

Literaturverzeichnis

Kurt Albrecht: *Ausbildungshilfen für Pferd und Reiter.* WuWei, 2008

Anja Beran: *Klassische Reitkunst mit Anja Beran: Eine Anleitung für verantwortungsvolles Reiten.* Cadmos, 2013

H.Dv.12, *Die Deutsche Reitklassik* (aus dem Jahr 1937). Kosmos, 2017

Dr. med. vet. Gerd Heuschmann: *Balanceakt in dubio pro equo.* Kosmos, 2011

Dr. med. vet. Gerd Heuschmann: *Die Anatomie und Biomechanik von Stellung und Biegung: Meilensteine auf dem Weg zur korrekten Versammlung.* evipo, 2015

Gillian Higgins: *Anatomie verstehen – Gesundheitsfördernd Reiten.* Kosmos, 2017

Arthur Kottas-Heldenberg: *Dressur mit Arthur Kottas: Grundsätze und Lektionen der Spanischen Hofreitschule in Wien.* Müller Rüschlikon, 2010

Egon von Neindorff: *Die reine Lehre der klassischen Reitkunst.* Cadmos, 2005

Alois Podhajsky: *Die Klassische Reitkunst.* Kosmos, 2006

Richtlinien für Reiten und Fahren, Bd.1, *Grundausbildung für Reiter und Pferd.* FN-Verlag, 2005

Waldemar Seunig: *Von der Koppel bis zur Kapriole.* Olms, 2019

Gustav Steinbrecht: *Gymnasium des Pferdes.* Cadmos 2001

Barbara Welter-Böller, Maximilian Welter, Claudia Weingand: *Die 50 häufigsten Irrtümer in der Pferdeausbildung.* Müller Rüschlikon, 2017

VERSPANNUNGEN LÖSEN mit der Masterson-Methode
IST IHR PFERD EIN OPTIMIST? Der neue Verhaltens-Test
3 | MÄRZ 2020
CAVALLO
Die große PFERDE-DIÄT selbst für Härtefälle S. 88
ENTSPANNT IN DEN FUTTER-STÄNDER Engpässe und Türen meistern
NEUER MUT NACH UNFALL Durchbruch für Pferd & Reiterin
STRAHLFÄULE Behandeln und vorbeugen
KRAFT-MESSUNG Wie fein sind Langzügel & Longe?
NEURO-RIDER Besseres Gefühl im Sattel
Fabelhafte Fehler
Wie Pferde und Reiter von Missgeschicken profitieren S. 14
2 Monate GRATIS testen!